The Worry Workbook
for Kids

Helping Children to Overcome Anxiety
& the Fear of Uncertainty

美国儿童
抗焦虑训练手册

帮助孩子摆脱担忧、恐惧，远离负面情绪的心理课

〔美〕穆尼亚·S.康纳 、〔美〕黛博拉·罗斯·莱德利◎著

刘洁红、孙一淞◎译

北京科学技术出版社

THE WORRY WORKBOOK FOR KIDS: HELPING CHILDREN TO
OVERCOME ANXIETY AND THE FEAR OF UNCERTAINTY by MUNIYA S. KHANNA,
PHD, DEBORAH ROTH LEDLEY, PHD
Copyright: © 2018 BY MUNIYA S. KHANNA AND DEBORAH ROTH LEDLEY
This edition arranged with NEW HARBINGER PUBLICATIONS
through BIG APPLE AGENCY, LABUAN, MALAYSIA.
Simplified Chinese edition copyright:
2024 Beijing Science and Technology Publishing Co., Ltd.
All rights reserved.

著作权合同登记号 图字：01-2023-6005

图书在版编目（CIP）数据

美国儿童抗焦虑训练手册 /（美）穆尼亚·S.康纳，
（美）黛博拉·罗斯·莱德利著；刘洁红，孙一淞译 . --
北京：北京科学技术出版社，2024.2
　　书名原文：The Worry Workbook for Kids
　　ISBN 978-7-5714-3513-4

　　Ⅰ.①美… Ⅱ.①穆… ②黛… ③刘… ④孙… Ⅲ.
①焦虑—心理调节—儿童读物 Ⅳ.① B842.6-49

中国国家版本馆 CIP 数据核字（2024）第 010642 号

策划编辑：花明姣　路　杨
责任编辑：路　杨
责任校对：贾　荣
责任印制：吕　越
出 版 人：曾庆宇
出版发行：北京科学技术出版社
社　　址：北京西直门南大街 16 号
邮政编码：100035
电话传真：0086-10-66135495（总编室）　　0086-10-66113227（发行部）
网　　址：www.bkydw.cn
印　　刷：三河市华骏印务包装有限公司
开　　本：710 mm × 1000 mm　　1/16
字　　数：147 千字
印　　张：11
版　　次：2024 年 2 月第 1 版
印　　次：2024 年 2 月第 1 次印刷
ISBN 978-7-5714-3513-4

定　　价：59.80 元

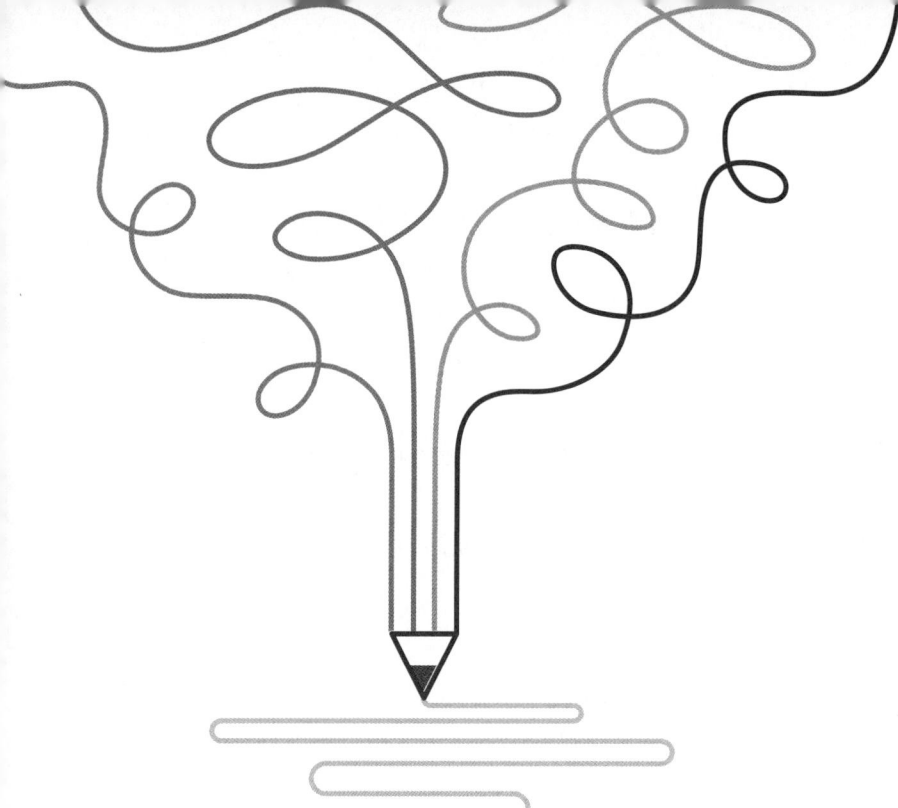

前言

　　亲爱的父母：在我们为人父母所面临的所有挑战中，看到自己的孩子与焦虑作斗争是最困难的挑战之一。焦虑的孩子总是在为一些我们觉得遥不可及、难以解决的问题而苦苦挣扎，他们总是用自己的想象力来放大对未知的恐惧。作为父母，我们不希望孩子错过生活的美好，但是当孩子认为自己存在问题时，作为父母的我们也苦于应该用什么样的方法让孩子相信自己是正常的。

　　现如今，儿童焦虑症的发病率呈上升趋势。然而，令人欣喜的是，孩子可以学到很多关于如何控制和缓解焦虑的知识。父母是孩子最好的老师，你手上的这本书就可以帮助你解决这些问题。

　　我们教孩子走路、系鞋带、刷牙、过马路之类的技能时都进行得非常顺利，是因为我们知道这些技能是孩子生存所必需的。同样，管理焦虑的技能也是孩子所必需的。

　　孩子在生活中出现焦虑情绪是很正常的，尤其当他们遇到新事物时。

作为父母，我们可能会出于本能想要保护孩子免受伤害，我们想让孩子从不舒服的状态中解脱出来，因此我们可能会同意孩子不去参加学校集体活动等对孩子来说具有挑战性的活动。然而，害怕新环境本不是什么大问题，大多数孩子一开始都会感到害怕，问题是我们可能会在不经意间让孩子学会可以用逃避的方式应对焦虑。

那么，我们有什么替代选择呢？我们可以教给孩子一种方法：与其相信焦虑告诉他们的"如果……"和"哦，不！"，不如让他们勇敢地行动起来，看看事情是不是真像他们想的那么糟糕。通过真实的行动，可以减少孩子的焦虑情绪。

作为父母，我们既要保护孩子免受伤害，还要鼓励和支持孩子的成长。这本《美国儿童抗焦虑训练手册》向父母和孩子展示了如何不被焦虑的感觉所欺骗。该书内容的编排循序渐进，帮助父母和孩子了解焦虑是如何起作用的、如何瓦解它，以及如何战胜它。

现在，正是学习书中技能的好时机！将克服恐惧和焦虑的最有效、最实用的方法转化为有趣、易于理解的活动，供父母和孩子一起进行实践，这将为你的孩子开启一段自信的旅程。最后祝愿你和你的孩子少一些烦恼！

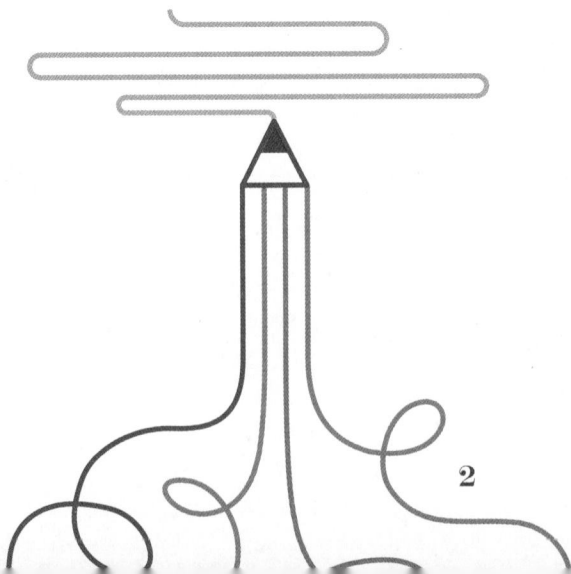

写给家长们的信

　　如果你选择拿起这本书，很可能是因为你的孩子经常会紧张和焦虑。没有父母愿意看到孩子受苦，我们为你能够主动寻求帮助而鼓掌。你的直觉是正确的，只要简单改变孩子应对焦虑的方式，就可以减轻他的压力和焦虑。

　　与焦虑作斗争的孩子几乎总是需要事情具有可预测性、完美性和计划性。为什么？因为所有这些需求都是为了避免"不适"。人类想要避免不舒服的感觉是很正常的，但有时这种本能会变得过度活跃，进而对我们产生干扰。我们的大脑很容易专注于不好的事情，并开始计划如何"解决"它，甚至是逃避它。这样过了一段时间，我们的身体和大脑就会错误地认为，我们根本无法处理不适。而讽刺的是，所有预防和逃避不适的行为只会增加压力和焦虑。最糟糕的是，它让我们无法享受自由和乐趣，享受重要而有意义的人生经历。

　　无论孩子焦虑的是什么，这本书都将为你提供详细的解决方案。所有的焦虑都是以大致相同的方式在起作用，我们可以用相似的方法来对抗它们。

市面上很多书都在告诉父母该如何与孩子谈论焦虑。然而，一个令人沮丧的问题是，孩子根本就不想听父母任何形式的说教。在这本训练手册中，我们没有对孩子进行说教，也不鼓励你这样做。我们鼓励孩子在实践中学习，我们会鼓励他们进行大量的练习，从而培养他们的主人翁精神。

具体的练习方法有自我对话、认知意识训练，以及体验式学习活动。这些行为练习旨在帮助孩子思考，让他们学会应对不确定性的方法，从而提高他们应对生活挑战的能力。

请记住，你的角色是教练或向导，而不是父母或看护人。教练不会对技能学习的快慢或好坏提出任何期望，他们的工作只是帮助孩子练习。但是作为父母，你肯定会有设定期望值的冲动，但在你担任教练这个新角色时，请尽量克制这种冲动。

这本训练手册分为三个部分：

（1）理解焦虑：描述了焦虑的性质和症状；

（2）打破焦虑循环：关于如何结束焦虑循环的四步指南；

（3）培养有益的习惯：能够帮助孩子长期获益的活动。

我们在这本书中提到的技能将帮助你的孩子接纳不确定性，享受冒险、乐趣和自由。让我们开始吧！

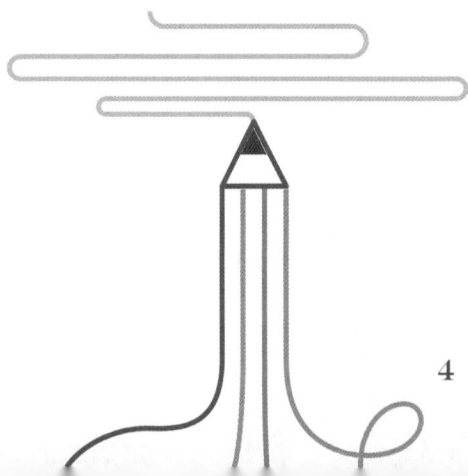

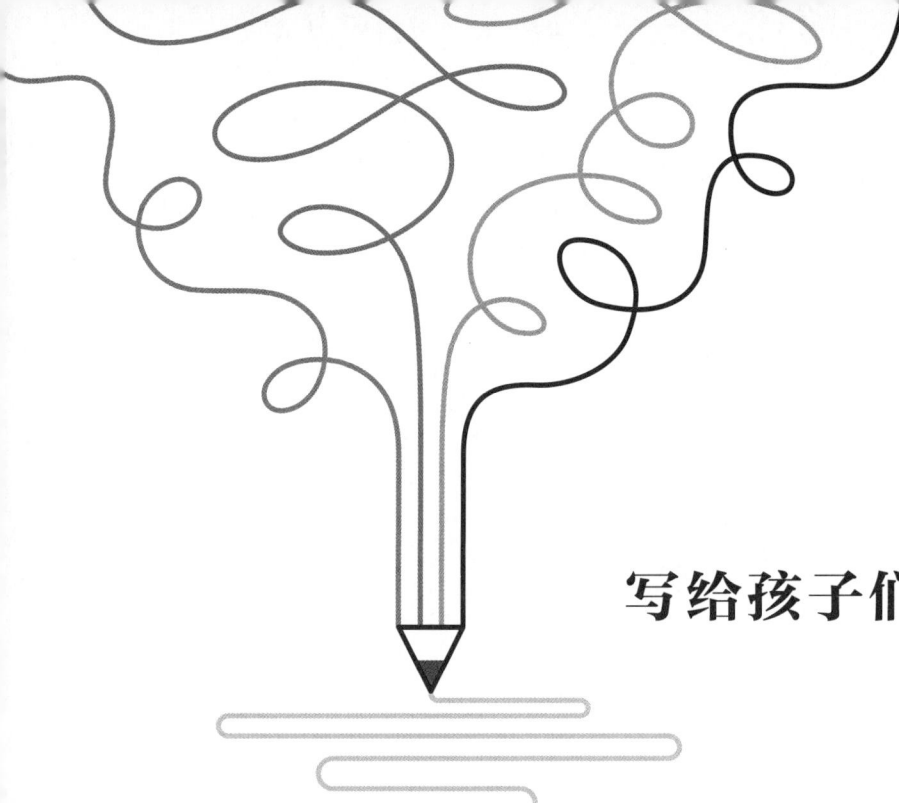

写给孩子们的信

你是否经常会感到有压力和紧张呢？如果是的话，我们很高兴你能拿起这本训练手册！这本手册包含很多简单易行的活动，可以帮助你感觉更好，减少你的压力。

焦虑（担心、害怕或紧张）会阻止你做你想做且重要的事情（如交朋友、完成作业或参加竞选）。一开始，焦虑可能只是在为明天的"计划"而担忧，但很快就会让你精疲力竭、充满压力。

如果你正在被焦虑困扰，那么你可以采取很多行动！翻开这本书，就代表着你已经勇敢跨出了第一步。

接下来请每周尝试做一到两个活动。你会知道这些活动是怎样帮助你"训练"思维和身体，带你慢慢走出焦虑的。不仅如此，它还会帮助你在面对一些不确定的新事物时感到自信。

最终，你将掌握许多方法，具备足够多的知识，成为能够应对各种陌生情况的"专家"。你正走在获得更多乐趣和自由的路上！祝你好运！

Contents

目 录

1

CHAPTER 3　打破焦虑循环
步骤二：选择积极的想法

CHAPTER 4　打破焦虑循环
步骤三：选择另一种行动

CHAPTER 5 　打破焦虑循环
步骤四：坚持练习

CHAPTER 6 　培养有益的习惯

1

CHAPTER 1
理解焦虑

Activity 1

活动1 为什么我们会焦虑？

·你要知道·你的身体里有一个内置警报系统，称为"战斗或逃跑系统"。它应该在面对危险时保护你（比如你被熊追赶的时候）。之所以被称为"战斗或逃跑系统"，是因为该系统会让你的身体做好战斗（一拳打在熊的鼻子上）或逃跑（以最快的速度逃离熊的视线）的准备。

你是否有过这样的经历：刚要过马路，突然看到一辆车急速驶来，你一下子跳了回去。那就是你身体的警报系统在保护你，让你跳了回去，以免受伤。但有时即使你没有危险，警报也会响起。有时，它还会在最奇怪的时候响起。例如，也许你正坐在书桌前准备参加拼写测试，突然你的身体感觉好像在被一只熊追赶。警报让你觉得事情有些不妙，你开始担心所有可能发生的坏事：如果我考砸了怎么办？如果我忘了单词拼写怎么办？

　　你是否有过类似的经历？是否经常感到紧张、焦虑或担忧呢？

For you
你 要 做 的

要想减少焦虑，第一步就是了解警报响起时身体的感觉。当以下这些事情发生时，你的身体会有什么感觉？

▶ 半夜听到奇怪的声音。

▶ 在电影中看到恐怖的画面。

▶ 老师要求你在课堂上大声回答问题。

▶ 你必须在一个小时内参加独奏会、大型比赛或其他比赛。

当你焦虑时，你的心脏会有什么感觉？会不会跳得更快？呼吸有什么变化呢？圈出当你紧张或焦虑时，身体会出现的感觉：

心跳加快   感觉自己要吐了或胃痛

颤抖或摇晃   脸红

出汗或身体发热   头晕

想要去找一个可以信任的人   呼吸急促

注意力难以集中   发冷

这些身体反应（或身体感觉）都是你身体警报系统的一部分。警报会让你心跳加速、呼吸急促，让空气和血液流向肌肉——这样你就能跑起来！但是你看看周围，并没有熊。你的身体认为你身处危险境地，但实际上你并没有处于危险之中。如果你能记住，你的身体只是对它认为危险的东西做出反应，但实际上很多警报只是身体对新的或令你感到不适应的东西的反应，那么你就不会那么担心身体警报了。

For you

更 多 你 要 做 的

在接下来的几天里，注意你身体的警报系统。请写下警报响起的时间，并描述它给你身体带来的感觉。让我们看看能不能找到一些规律。

示例:

当我准备第二天去参加一个新的夏令营，我感觉我可能交不到朋友**时，我的身体响起了警报，我的感觉是**颤抖、手足无措，好像身体里有团火焰，我非常想靠近妈妈。

当..时，

我的身体响起了警报，我的感觉是......................................

....

5

❱❱ 当......................................时,

我的身体响起了警报,我的感觉是.........................

....

❱❱ 当......................................时,

我的身体响起了警报,我的感觉是.........................

....

上述这些都是身体警报可能会响起的线索。下次再遇到这些情况时,身体警报很可能会再次响起。

❱❱ 你能找到规律吗?规律是指以相同的方式重复出现的事情。回顾过去几天的线索,你有没有发现身体警报响起的规律呢?把它们记录下来吧!当出现这些情况时,我的身体响起了警报。

1..

....

2..

....

❸ ....

....

❹ ....

....

❺ ....

....

　　在这些情况下，你的身体告诉你，你现在很紧张或者太焦虑了。在同样的情况下，你身体的警报会习惯性地再次响起。

　　发现警报响起的规律会对你很有帮助，因为当警报再次响起时，你就不会感到惊讶了。如果你不喜欢警报响起的状态，这也给了你一个改变的机会。

Activity 2

活动 2　焦虑循环

·你要知道· 当你要做一些新的、困难的或不适应的事情时，你的身体警报就会响起。你的身体会做出反应，仿佛你正处于危险之中。你的大脑开始思考所有可能会发生的坏事，进而带你陷入焦虑循环。

让我们先来了解一下什么是焦虑循环。

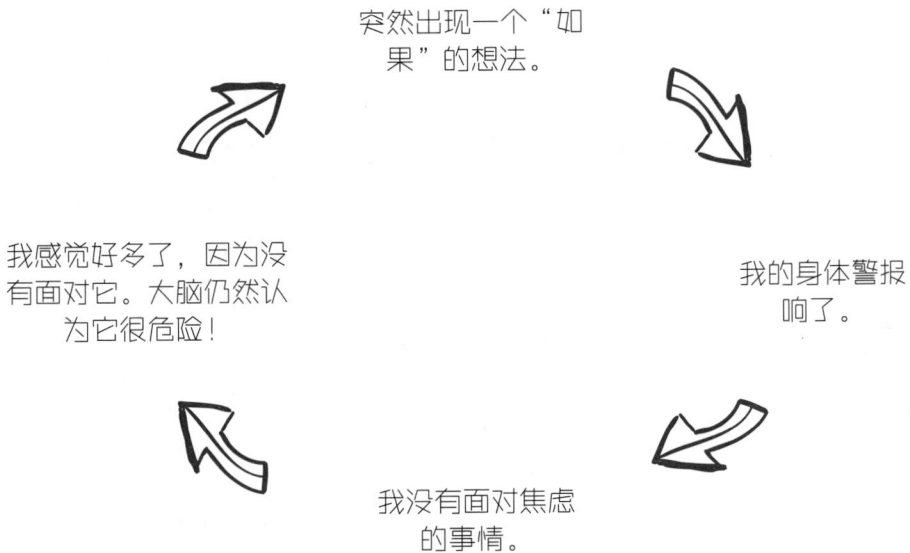

突然出现一个"如果"的想法。

我感觉好多了，因为没有面对它。大脑仍然认为它很危险！

我的身体警报响了。

我没有面对焦虑的事情。

焦虑循环

当你听从自己的警报系统，回避新事物和困难的情况时，你就会"上当受骗"，你会误以为：

1. 这种情况真的很危险！

2. 你无法独自面对新事物和复杂的情况。

如果每次面对新事物时，你的大脑都一遍又一遍地告诉自己这两件事情，那么你很可能就会陷入焦虑循环。

接下来，让我们看看焦虑循环是怎样影响我们的。举个例子，假设你被邀请去朋友家过夜。你很想去，但身体警报响了，你开始担心在朋友家里睡不着。于是，你听从警报决定不去了。在那一刻，你可能会因为这个决定感觉舒服一些，但你的身体却学到了两件错误的事情：

1. 去朋友家过夜很危险（即，在别人家过夜时可能会发生一些不好的事情，比如睡不着、想爸爸妈妈、会害怕等等）。

2. 你无法应对在外过夜。

对去朋友家过夜感到紧张。如果我睡不着，我就会整晚失眠并感到害怕。

哇！真高兴我没去！

我的身体警报响了！

为了避免警报，我不去过夜了。

焦虑循环

这就让你陷入了焦虑循环。以后，每当有朋友邀请你去家里过夜，你的身体警报都会响起，你因为担心，很可能永远都不会去尝试这件事。

而事实是，这种情况并没有那么危险——它只是让你感到有点不适应，实际上，你完全可以应对这种情况。

Foryou
你 要 做 的

想摆脱焦虑循环，我们首先要弄清楚循环中的所有内容，这有助于之后制订计划打破它。请在空白处填上你会陷入的焦虑循环。

"如果"的想法：

_____
_____

我感觉好多了。

我的身体警报
响了。

我试图通过以下方
式避免警报响起：

_____
_____

焦虑循环

Foryou
更 多 你 要 做 的

很多时候，当孩子或他们的父母不得不做一些他们觉得危险的事情时，他们会制订一个计划或建立一个"安全网"。以下是三个示例。

▶ 每当爸爸妈妈出去吃饭，把莎拉交给保姆照看时，莎拉就会很焦虑。她总是叮嘱妈妈一定要带着手机，这样莎拉就可以在需要的时候给妈妈打电话。手机成了莎拉的安全网，可以在她需要妈妈的帮助时找到妈妈。

▶ 迈克尔担心，如果聚会上没有熟人，他就玩得不尽兴了。所以他打电话给朋友们，确认他们是否会去。朋友们成了迈克尔的安全网，以免他在聚会上没有认识的人。

▶ 凯莎在进行足球训练时感到头晕。从那以后，她总是担心自己跑来跑去会生病。凯莎的妈妈告诉她，从现在开始，她会留在训练场上陪伴凯莎，一旦凯莎感到不舒服，妈妈就会带她离开。凯莎的妈妈成了凯莎头晕时的安全网。

无论是你还是你父母建立的安全网，都会让你的大脑误以为，你正处于无法应对的危险境地。安全网会让焦虑持续更长的时间。

在遇到令你焦虑的事情时，你有安全网吗？请把它们写下来吧！如果你在填写下面的内容时遇到困难，请向父母或熟悉你的人寻求帮助。

>> 当我担心.....................的时候，我要确保.....................

....，以防万一。

>> 当我担心.....................的时候，我要确保.....................

....，以防万一。

>> 当我担心.....................的时候，我要确保.....................

....，以防万一。

>> 当我担心.....................的时候，我要确保.....................

....，以防万一。

>> 当我担心.....................的时候，我要确保.....................

....，以防万一。

Activity 3

活动 3　打破焦虑循环

·你要知道·当你使用安全网时，你的身体会继续误认为原本安全的环境是危险的，你无法应对它们。但是，你越是想要确保不发生任何坏事，你就越是焦虑。等同样的情况再次出现，你的身体警报会频繁响起。这样，你就陷入了焦虑循环！

到目前为止你应该已经发现，当你听从警报系统，准备摆脱新的或者困难的局面时，你的身体会学到两件错误的事情：

1. 情况真的很危险！

2. 你无法独自应对新事物和复杂的情况。

这就是为什么当你面对同样的情况时，你的身体警报会一直响，从而陷入焦虑循环。

准备好打破焦虑循环了吗？打破焦虑循环有四个步骤。

步骤一：识别假警报。一旦发现警报响起，立即提醒自己的身体，这个情况并不危险，只是会让人感觉不适应或感觉有些困难。

步骤二：选择积极的想法。帮助你应对焦虑，重新调整思维方式。

步骤三：选择另一种行动。做身体警报让你逃避的事情，选择一个能让你更接近目标的行动。

步骤四：坚持练习。在各种情况下尽可能多地反复练习！

Foryou
你 要 做 的

我们要教会身体识别什么时候你没有危险，你可以处理新的、困难的和不适应的情况。让我们制订一个计划，来解决让你陷入焦虑循环的情况吧！

在哪些情况下，你的身体警报会响起呢？有哪些新的、困难的或不适应的情况会让你感到焦虑呢？请在会让你感到焦虑的情况前打√，并写下自己的想法。如果需要的话，可以向父母或熟悉你的成年人寻求帮助。

☐ 邀请他人见面。...

☐ 上一门新课或第一次做练习。.......................................

☐ 正在完成一个非常重要的文章或任务。..............................

....

☐ 不得不面对恐惧（如看到蜘蛛、坐飞机、与成年人交谈）。

....

☐ 在刚认识的朋友家过夜。...

☐ 做一件你不擅长的事情。...

☐ 当其他人都在房子的一个地方时，你却待在房子的另一个地方。

....

☐ 去一个都是陌生人的地方。..

☐ 在全班师生面前做演讲。..

☐ 参加一项新的课后活动。..

☐ 睡觉时没有父母或家人给你盖被子。...........................

....

☐ ....

☐ ....

☐ ....

For you

更 多 你 要 做 的

请列出三件你曾经处理过的新的、困难的或不适应的事情，描述一下当时的情况，并写下你做了什么。如果想不起来，你可以向父母或其他熟悉你的成年人寻求帮助。

提示：你有没有在新学年开始时遇到过新老师？你有没有去过令你紧张的医生办公室？你有没有跳进过游泳池，即使你并不擅长游泳？你有没有在公园里和陌生的孩子一起玩过？你有没有迷路了，但最终找到父母或大人的经历？你有没有丢失过自己需要的东西，但后来想到了补救方法，或者丢失了也没关系的经历？

示例：

情况：学习骑自行车。我非常害怕因为骑车而摔倒受伤，要看医生。

虽然这是一种新的、困难的或不适应的情况，但我能够最终在没有人帮助的情况下顺利骑车。我摔倒过很多次，但我从来没有看过医生，那些擦伤很快就能痊愈。

≫ 情况：..

虽然这是一种新的、困难的或不适应的情况，但我能够..........

....

....

≫ 情况：..

虽然这是一种新的、困难的或不适应的情况，但我能够..........

∙∙

∙∙

情况：∙∙

虽然这是一种新的、困难的或不适应的情况，但我能够∙∙∙∙∙∙∙∙∙

∙∙

∙∙

看！你以前处理过很多新的、具有挑战性的事情！大多数时候，结果并没有你想象得那么糟糕。甚至有的时候，尝试新事物的感觉还挺不错的，对吧？

∙∙

2

CHAPTER 2

打破焦虑循环
步骤一：识别假警报

Activity 4

活动 4　为什么我会胃痛？

· **你要知道** · 如果有熊在追你，你会有想停下来吃午饭的想法吗？不可能！面对这种情况，你身体的反应是"要么战斗，要么逃跑"，因此身体会暂时关闭你的消化系统，以便让你集中精力逃跑。

有时候，吃得太多或得了胃病，你的胃就会痛！但是你有没有遇到过这种情况：当你焦虑或紧张时，你的胃就会不舒服。当你处于一个陌生的新环境中时，在你不得不做一些你觉得困难的事情之前，你就会觉得胃里"翻江倒海"。

如果你遇到过这种情况，那我要告诉你，你并不孤单。我们每个人在紧张的时候都会时不时地感到胃部不适。这是因为，当你焦虑或紧张时，你的身体会发出警报。"战斗或逃跑系统"会让你的心跳加速，让空气和血液进入你的肌肉，这样你就可以快速逃跑了！此刻，你的身体不会在消化食物这样的事情上浪费能量！

当你感到焦虑或紧张时，胃痛只是虚惊一场。你的身体很快就会关闭警报，胃痛也很快就会好起来。胃痛的感觉来得快，去得也快。

如果是紧张导致的胃痛，那你不需要采取任何措施，因为胃痛会自行消失。最好的应对办法就是继续做你计划的事情。不知不觉，你的胃就会好起来。

Foryou
你　要　做　的

请回想一下在过去几周内，你的身体警报在何时响起过，当时你有什么感觉，并把它们记录下来。然后请圈出你认为这是一种真正危险的情况，还是只是一种新的、困难的或不适应的情况，以及最终发生了什么。

示例：

身体警报响起的时候：去露营的前一天晚上，可能是当时我很想家。

我身体的感觉：颤抖、胃里"翻江倒海"。可能是我更想待在家里，而不是去露营。

我认为当时的情况是：

真正危险的事情　　　　只是新的、困难的或不适应的情况

最终发生了什么：第一天晚上我有点想家，但安顿下来以后，我和大家玩得很开心！

♫ 身体警报响起的时候：..

我身体的感觉：..

....

我认为当时的情况是：

真正的危险　　　　　　　　新的、困难的或不适应的情况

最终发生了什么：..

➽ 身体警报响起的时候：..

我身体的感觉：..

....

我认为当时的情况是：

真正的危险　　　　　　　　新的、困难的或不适应的情况

最终发生了什么：..

➽ 身体警报响起的时候：..

我身体的感觉：..

....

我认为当时的情况是：

真正的危险　　　　　　　　新的、困难的或不适应的情况

最终发生了什么：..

当你下次再遇到类似的情况时，请记住，你的身体警报可能会再次响起，但这只是一个假警报。虽然你的身体认为你处于危险之中，但实际上这只是一个你之前没遇到过的新的或困难的情况。

....

Foryou
更 多 你 要 做 的

在接下来的一周里，请记录下让你焦虑性胃痛的事情（在上学前？在数学考试中？在你还没有准备好上钢琴课之前？在去生日聚会的路上？在你不知道未来某一天的计划是什么的时候？）。

我胃痛的时候是：..

我胃痛的时候是：..

我胃痛的时候是：..

我胃痛的时候是：..

我胃痛的时候是：•••

以上这些都是导致你焦虑性胃痛的线索。请记住，你身体的警报习惯于在相同类型的情况下响起。当你下次遇到这些情况时，很可能还会胃痛。

有些时候，身体警报会告诉你："别这样做！你不舒服，快躺下！"这时候，你要提醒自己的身体，它发出了错误的警报，你可以对自己说："我没有危险，我只是担心。胃部的不舒适很快就会好起来的。"然后继续做警报响起之前你正在做的事情。

Activity 5

活动 5　焦虑就像一个恶霸

·你要知道· 焦虑可能会让你无法做真正重要的或你想做的事情，所以把它们看作恶霸可能会对你有所帮助。就像现实生活中的恶霸一样，如果你不给他们关注，就能夺走他们的控制权，让他们失去力量，最终离你而去。

想象一个恶霸在午餐时骚扰其他孩子的场景。恶霸可能会说:"把你的午餐钱给我,否则我就揍你!"如果男孩交出午餐钱,恶霸当天可能会放过他,但很有可能明天还会再来——因为他得到了他想要的东西。如果恶霸每次来都能得到他想要的东西,他就会变得更加肆无忌惮、更加难以忽视。

焦虑就像一个恶霸:他告诉你外面有不好的事情,或者即将发生不好的事情,这样你就会按照他说的去做了。一开始,他可能是想保护你(你的警报系统启动了),但过了一段时间,他喜欢你听他的,以至于他会不断告诉你可能会发生很多的坏事。再过一段时间,焦虑就不是真的在保护你了,而是在过度保护你。他会试图控制你,阻止你做想做的事。你越听他的话,他出现得就越频繁,变得越强大!

想象一下,如果男孩不给恶霸午餐钱,接下来会发生什么呢?恶霸可能会变本加厉地威胁他。但是,如果男孩仍然不理会恶霸,不给恶霸钱,远离他并找到朋友们一起玩(我们也希望他告诉大人),恶霸就会明白他得不到他想要的东西。最后,恶霸可能会觉得无聊,最终放过这个男孩。

这同样适用于焦虑。如果你意志坚定,不给焦虑过分的关注,不让他阻止你做想做的事情,他就会失去力量,最终离你而去。

Foryou
你 要 做 的

如果你能找出焦虑这个恶霸最常对你说的话，你就能更快地忽视他。请在下面这些表述里圈出焦虑这个恶霸对你说过的话吧！

这一定会很尴尬，

没人会喜欢我。

如果我需要爸爸妈妈怎么办？

我不会再快乐了。

别去！

这里可能有劫匪或绑匪。

我要死了。

如果我失误了怎么办？

我应该做得更好。

哈哈哈哈……

停下来！

如果我生病了怎么办？

我不知道该说什么。

如果我被骂了怎么办？

请在空白处填上焦虑喜欢对你说的其他话。

上述这些都是焦虑为了阻止你做想做的事而说的话。请不要相信！继续做你想做的事，夺回对自己的控制权。

For you

更 多 你 要 做 的

≫ 哪些事情总是让你因为焦虑而不敢尝试？请列出你一直因焦虑
而不敢尝试的事情：

1 ....

2 ....

3 ....

4 ....

5 ....

6 ....

不要让焦虑这个恶霸欺负你！做你想做的事，不要把时间或注
意力放在"他"的身上。

....

Activity 6

活动 6　随它来随它去

· **你要知道** · 我们的身体真的很神奇。你知道我们的警报系统有一个内置的"复位"按钮吗？一旦身体的"战斗或逃跑"系统完成了保护你的工作，就会意识到一切正常，它的"复位"按钮就会将我们的身体切换回正常状态。这听起来是不是很酷？

　　当你的身体警报响起后，身体过一段时间就能恢复正常，所有紧急状态下的身体反应，如心跳加速或腹痛等，都会消失，这是完全正常的。换句话说，你不需要做任何事情来应对这些反应。身体内部的"复位"按钮会开启工作。

　　想象一下，你站在滑梯的顶端，让自己滑下来，但滑到一半时，你想要掉头该怎么办？这时与其中途停止，重新爬上滑梯，不如直接滑到底，再"重新开始"。因为一旦开始，就很难再回头了！就像让自己从滑梯上滑下来一样。你可以试着接纳警报信号的存在，让你的警报信号顺其自然地到来，再顺其自然地离开。

For you
你　要　做　的

　　你是否曾经试图通过小睡一会儿、给爸爸妈妈打电话或者待在家里等方式，来逃避你应该做的事情，从而缓解焦虑的情绪或者不舒服的身体反应？你可能会发现，在下一次遇到类似情况的时候，逃避的方式只会让不舒服的感觉持续更长时间或者变得更加严重。这是因为当你试图让这种感觉消失时，你的身体会认为这种感觉一定很危险，所以警报会一直响。

　　为了让焦虑的情绪平静下来或消失，最好不要把注意力集中在这些情绪上。如果你不给这些情绪关注，他们就会在几分钟内自行离开。

　　99 请列出你想要使用的让焦虑情绪消失的方法，消除身体的"警报信号"（例如，与父母待在一起、避免吃某些食物、避免做某些活动等等）。

❶ ....

❷ ....

❸ ....

Foryou
更 多 你 要 做 的

有些孩子在发现警报信号时会很担心。请记住：你的身体就像一台嘈杂的冰箱。

在无人且安静的时候，你可以尝试在冰箱旁边坐几分钟。你注意到冰箱有多吵了吗？冰箱其实一整天都会发出很大的噪音——喷水声、转动声、叮当声，非常吵！但是，当厨房里坐满人的时候，你根本意识不到它有多吵。

你的身体也类似。通常当我们和其他人在一起或集中精力做一些积极的事情时，我们很难注意到身体发出的警报信号。

但是，如果你总是胡思乱想，总是担心会出问题，焦虑甚至会试图引起你的注意，让你想到一切可能会发生的坏事……我会得怪病吗？我是不是出了什么问题？我是不是发烧了？我的头痛是不是比平时更严重了？为什么我感觉有点头晕？等等。

这有个小窍门！不要把你的精力和注意力放在警报信号上。如果你这样做了，就会让警报更响，持续时间更长，你也会更加担忧。

你应该做的事情是做几次深呼吸，然后专注于正在做的事情上。让警报信号来去自由，而不是试图"让"它消失。请列出三次你提醒自己忽略警报信号，让警报来了又走的情况。

示例：

身体警报响起的时候： 我正准备参加棒球训练。

我注意到警报信号：我开始发热、出汗。脑海中冒出了会三振出局的想法。我开始收拾我的行李。

我没有试图"让"这种感觉消失，而是：在收拾好行李后，玩了一会儿电子游戏，直到身体警报消失。

>> 身体警报响起的时候：..

我注意到警报信号：..

....

我没有试图"让"这种感觉消失，而是：...........................

....

>> 身体警报响起的时候：..

我注意到警报信号：..

....

我没有试图"让"这种感觉消失，而是：...........................

....

➣➣ 身体警报响起的时候：..

我注意到警报信号：..

....

我没有试图"让"这种感觉消失，而是：.........................

....

3

CHAPTER 3

打破焦虑循环
步骤二：选择积极的想法

Activity 7

活动 7　思考你的想法

·你要知道· 你可能自己都没有注意到，在你的脑海中，你一直在对自己说话，这些话就是你的"想法"。有人称之为"内心的声音"，也有人称之为"自言自语"。

在你的脑海中，你时时刻刻都在想你学到了什么、你决定了什么、你正在计划什么、你记得什么、你对不同情况的看法……注意到自己在想什么真的很重要，因为你的想法，你对自己说的话，都会影响你的感受。

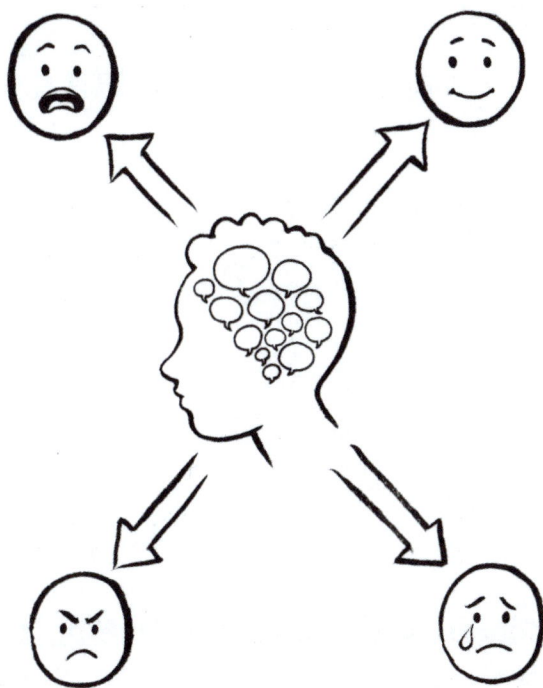

想法会影响感受

换句话说，你的想法或者你对自己说的话，会让你产生各种各样的情绪，如快乐、兴奋、担忧、愤怒、悲伤……现在，请试着倾听你的想法在说什么。

闭上眼睛，尽量把注意力集中在脑海中，试着听听你脑海中的声音。你现在在想什么？

以下是一些可能有助于你"倾听"自己想法的问题。

▶ 我看到了什么场景？

▶ 将来会发生什么呢？

▶ 我记得几分钟前发生的事情吗？我记得几天前发生的事情吗？

▶ 我是否在想别人可能会怎样看待我（例如，当你在棒球比赛中三振出局时，你的队友可能会怎么想）？

Foryou
你 要 做 的

你可能认为是你身处的环境让你产生了某种感受，但实际上是你的想法让你产生了这种感受。

举个例子，想象一下这个场景，老师在课堂上宣布："告诉大家一个惊喜！下周我们要去游乐园郊游！"两位学生虽然身处同样的环境，但他们对老师的惊喜有着不同的想法，因此他们的感受也大相径庭。

	情境	想法	感受
学生 1	我们要去游乐园！	我讨厌过山车，大家会因为这个取笑我的。只有我一个人会坐在长椅上等一整天。我真的不想去！	担心、难受
学生 2	我们要去游乐园！	我喜欢过山车！我迫不及待地想吃棉花糖，想和朋友们一起玩一整天！	兴奋、快乐

现在你能理解，"是你的想法让你产生了不同的感受"这个观点吗？下面列举了两个学生在相同情境下却有不同感受的情况，你能猜出他们分别在想什么，才会让他们有不同的感受吗？

	情境	想法	感受
学生 1	一会儿是课间休息时间。		担心
学生 2	一会儿是课间休息时间。		快乐

	情境	想法	感受
学生 1	夏令营下周开始。		担心
学生 2	夏令营下周开始。		快乐

更多你要做的

你的所思所想，你想象的事情和对自己说的话，都会影响你的情绪或感受。让我们来做个小实验：回想一下你最喜欢的一次家庭度假，回想期间你最喜欢的事情。这些想法让你现在感觉如何？

现在回想一件让你非常难过的事情，想象一下其中最糟糕的部分。这些想法让你现在感觉如何？

仅仅通过回想不同的事情，你就在几秒钟内改变了自己的感受。知道我们在想什么或者我们在对自己说什么是非常重要的，因为我们对事情的思考方式会对我们的感受产生很大的影响。

　　这周让我们练习倾听自己内心的声音。当你发现自己的情绪发生变化时，就是一个值得关注的好时机，比如从开心到悲伤，从高兴到生气……在接下来的几天里，请记录下来你在有强烈情绪时在想什么，你对自己都说了什么。

　　💬 当我感到担忧时，我在想：..

....

....

　　💬 当我感到快乐时，我在想：..

....

....

　　💬 当我感到愤怒时，我在想：..

....

....

🎵 当我感到悲伤时，我在想：..

....

....

了解自己的想法会让你更好地控制自己的感受，所以继续练习吧！

....

Activity 8

活动 8　把焦虑的想法转化为积极的想法

· 你要知道 · 通常情况下，当你非常焦虑时，意味着你在关注可能会出错的事情。但是让你焦虑的事情真的会出问题吗？如果你学会"挑战"自己的焦虑，你就可以问问自己，这些焦虑是否真的需要担忧。

焦虑几乎总是在关注未来会发生哪些不好的事情。它们通常以"如果……"开头。

▶ "如果我搞砸了，每个人都取笑我怎么办？"

▶ "如果我在学校生病了怎么办？"

▶ "如果我吐了怎么办？"

▶ "如果我想念父母，想回家怎么办？"

▶ "如果我成绩不好，父母生我的气怎么办？"

焦虑总是会让你认为自己做不成某事。焦虑的想法通常以"我不能""我应该""从来没有"或"我总是"开头。

▶ "我不能进球！"

▶ "我应该更努力。"

▶ "我从来没有玩得开心，因为我玩得不好！"

▶ "我总是比其他孩子做得更差！"

记住，不要让任何人，尤其是你自己，告诉你一些不真实的事情！你的目标是确保你的想法尽可能真实，并且它们不会让你感觉糟糕。

Foryou

你　要　做　的

🎧 焦虑似乎能帮助我们做好准备或计划，以确保不发生糟糕的事情。但实际上，它会占用我们做真正重要的事情的时间，并把事情搞得一团糟！请列出你在自我对话中最常出现的"如果""我不能""我应该""我从来没有"或"我总是"等想法：

❶..

❷..

❸..

❹..

❺..

请记住，我们并不是说你应该一直认为一切都很好。但是，我们希望你的想法是基于现实的，而不是相信预测或专注于糟糕事件发生的可能性。如果你能"挑战"自己的焦虑，你就能问问自己，这些焦虑是否真的需要担心。如果你能做到快速地挑战自己的焦虑，它就不会占用你专注于做自己想做或需要做的事情的时间。

每当你的身体警报响起，或者某个烦恼突然出现，打断你一天的节奏时，请尝试回答这些"挑战"问题吧！

▶ 我的内心告诉我，"有史以来最糟糕的事情"即将发生，但最有可能发生的事情是什么呢？

▶ 可能会发生的事情都有什么？是好事，还是坏事？

▶ 我以前也有过这种焦虑，最后发生了什么呢？

▶ 虽然我这么想，但并不意味这是真的。这样的话，我有必要继续这样想吗？

▶ 焦虑的想法总是在告诉我，如果情况不好，我的生活就会毁了。但这真的是一种会"毁了生活"的情况，还是只是一种相对艰难的情况呢？

▶ 焦虑总喜欢用老把戏吸引我的注意。只是故弄玄虚罢了。我有必要关注这个想法吗？在焦虑出现之前，我在做什么？

▶ 我现在考虑这些有用吗？我要花多少时间思考这些问题？

▶ 我无法控制最终会发生什么，但我可以控制自己去想、去感受、去做什么。因此，我现在该做些什么呢？

For you

更 多 你 要 做 的

请你用"挑战"问题，将以下焦虑的想法转化为积极且有益的想法。

关于友谊的焦虑：

- 我的两个朋友在一起玩，把我晾在一边。如果他们不像喜欢对方那样喜欢我怎么办？

  可以帮助到我的“挑战”问题：……………………………

  ………………………………………………………………

  ………………………………………………………………

- 如果我在大家面前说错了话，他们认为我很愚蠢怎么办？

  可以帮助到我的“挑战”问题：……………………………

  ………………………………………………………………

  ………………………………………………………………

关于学业的焦虑：

- 如果我永远都做不好怎么办？别人都明白，就我不明白。

  可以帮助到我的“挑战”问题：……………………………

  ………………………………………………………………

  ………………………………………………………………

〰 我差得太多了，作业永远也做不完！明天老师批评我怎么办？

可以帮助到我的"挑战"问题：..............................

....

....

关于健康的焦虑：

〰 我肚子疼，我在同学面前吐了怎么办？这太难堪了。

可以帮助到我的"挑战"问题：..............................

....

....

〰 妈妈说她头疼，要是她得病了，快要死了怎么办？

可以帮助到我的"挑战"问题：..............................

....

....

Activity 9

活动 9　选择你关注的对象

·**你要知道**·你的注意力是一种非常重要和强大的能力。它决定了你的感受和下一步行动。因此，明智地选择你关注的对象是非常重要的。你专注于什么，花最多时间思考什么，你的一天就会变成什么样子。

　　如果你将注意力集中在可能发生的糟糕情况上，或者某种负面想法上，你就会感到担忧、紧张、焦虑或悲伤。同样地，如果你将注意力集中在让你感到幸运的事情或美好事物上，你就会感到平静、快乐甚至兴奋。

　　重要的是你要记住，你可以控制思想的焦点。你可以决定将自己的注意力集中在什么地方，这样你就可以选择你想要的感觉。

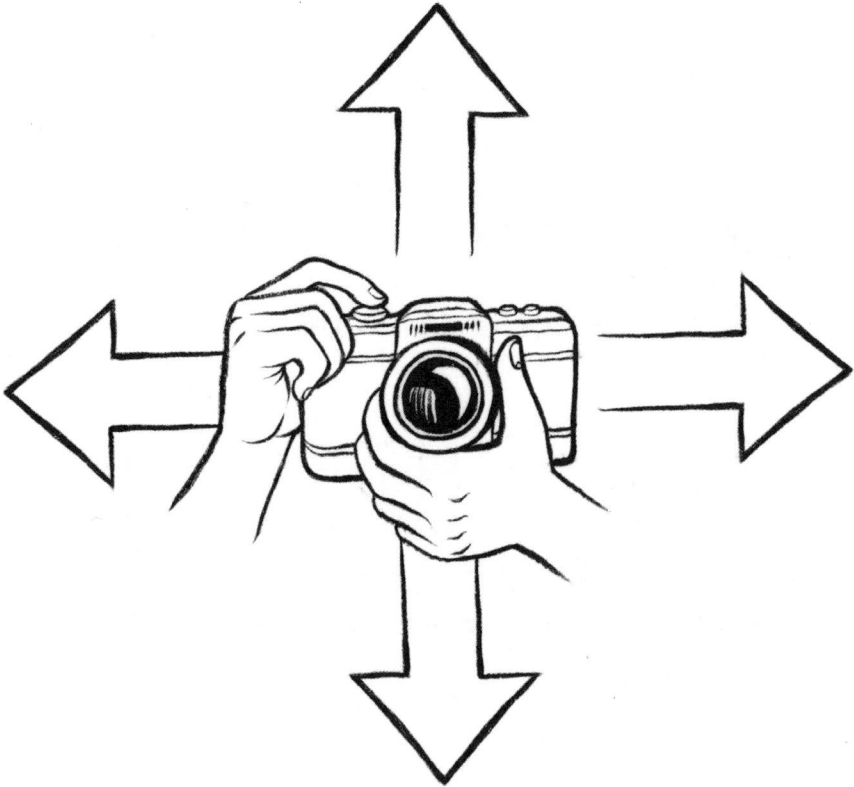

Foryou
你　要　做　的

当你专注于消极的想法时，你就会陷入焦虑循环。为了避免陷入焦虑循环，你需要挑战自己的想法，将注意力集中在积极且有益的想法上。当你头脑中涌现出焦虑的想法时，你可以试着专注于以下这些积极的想法。

▶ **这只是暂时的**，事情不会一直如此。虽然今天很困难，但明天可能会很容易。我越是面对挑战，它们就会变得越容易。况且，今天看起来非常重要的事情，一周后甚至明天就可能不那么重要了。

▶ **不要停止尝试**。我能从经历中不断学习并进步。失败并不存在，只要我不断努力，每一次尝试都会让我变得更好。

▶ **小小的进步会带来巨大的变化**。我可能没有赢得比赛，但我超越了上周的成绩……我的考试可能没有得到 A，但我对这些知识的理解比以前更深入了……

▶ **每个人都会犯错**。我不能期待自己做每件事都完美。我们都是人，都会犯错。我会从错误中吸取教训。

▶ **我可以选择自己的想法和感受**。我没必要花时间和精力去思考那些焦虑的想法，我可以思考一些快乐的事情。

▶ **我完全可以掌控自己的行动**。焦虑不能阻止我的行动。我将继续做我想做或需要做的事情，即使这让我感到有些不适应。

▶ **我会与积极的人在一起**。总会有人对我说负面的言论，但是我可以选择跟那些给我带来积极影响的人在一起。

让我们练习专注于积极且有益的想法。使用"挑战焦虑工作表"，写下你一直关注的令你焦虑的想法，然后在"挑战焦虑"一栏中，列出你可以关注的积极且有益的想法。

请如实填写当时的情况、令你焦虑的想法、这些想法带给你的感受，以及你可以关注的积极且有用的想法。如果你在填写最后一个问题时遇到困难，可以问问自己：最有可能发生的真实情况是什么？这种想法有什么用处？我应该选择关注什么？

示例：

情况	令你焦虑的想法	感受	挑战焦虑（想出一个积极且有益的想法）
入睡	我会做噩梦。	担心和焦虑	我告诉我的身体，噩梦是没有危险的。它只会让你有些不舒服。
入睡	我睡不够，明天会很累，会过得很糟糕。	担心和焦虑	睡不着也没关系。最终我会睡着的。有点累也没关系，这种事经常发生，没什么大不了的。我知道我很安全。
入睡	如果有人闯进来怎么办？	担心和焦虑	焦虑总是试图引起我的注意。我很幸运，有一个舒适的家和爱我的家人。我应该专注于明天想做的事。

挑战焦虑工作表

情况	令你焦虑的想法	感受	挑战焦虑（想出一个积极且有益的想法）

Foryou

更 多 你 要 做 的

当我们关注过去发生的事情时，大脑往往会将注意力集中在坏事上，而忽略美好的事情。我们更容易记住一些不那么美好的事情，而不是真正美好的事情。

为了改变这种情况，我们应该学会关注现在，关注正在发生的事情。让我们来看看苏珊，她非常担心学校的事情，尤其是考试。现在，苏珊正在为明天的数学考试做准备。让我们一起来了解一下她关注的事情吧！

上次考试我完全考砸了——我错了两道题。

我上不了好大学了。

上次考试我没做完题。

每个人都考得比我好。

老师会认为我是个笨蛋。

我会失败的！

现在，我们已经窥探到苏珊的内心世界了，请仔细分析她的想法，判断她的每个想法是关于过去的（已经发生的事情）、现在的（正在发生的事情），还是未来的（以后可能发生的事情），并将她的想法填在对应的表格中。

关于过去	关于现在	关于未来

🎙️ 你认为苏珊主要关注的是过去、现在还是未来？为什么这样认为？

....

....

....

如果你把苏珊的所有想法都放在过去和未来一栏中，就说明你分析对了！苏珊本应该关注现在的复习，但她却总是关注上次考试中发生的事情，以及下次考试可能会发生的事情。

🎙️ 你认为现在最值得苏珊关注的事情是什么？为什么这样认为？

....

....

....

一定要明智地选择你关注的对象，因为这决定了你的感受和下一步的行动。

Activity 10

活动 10　选择好心情

·你要知道· 当你感到焦虑时，你可能会思考一些自己不能做的事情和没有的东西。然而，不要让焦虑"欺负"你。相反，试着将注意力集中在你能做的事情和你拥有的东西上。

也许你会想，我已经焦虑够了！每个人都会在某些时候有这种感觉。有些时候，沮丧是可以理解的。有时，事情并不如我们所愿，或者比我们预想得更难。但是，如果你开始觉得自己花了太多的时间在悲伤上，而没有足够的时间去感受轻松和快乐，不妨试试这个方法：选择好心情。

正如你在上一个活动中发现的那样，你的感觉来自你的态度，或者说来自你对事物的看法。因此，如果你选择把注意力放在生活中你爱的人、你喜欢做的事情或美好事物上，你就会感觉良好。

当我们把注意力集中在我们没有的东西、我们不能做的事情、不顺利的事情或可能出现的糟糕结果时，悲伤和焦虑的情绪就会油然而生。当我们把注意力集中在我们所拥有的东西、我们能做的事情，以及进展顺利的事情时，快乐、满足和平静的感觉就会油然而生。

让我们来看看那些让米娅感到焦虑和悲伤的想法。

情况	想法	感觉
今天是星期三，我在学校。	我讨厌星期三。还没到周末呢。我仍然要度过漫长、无聊、艰难的三天。	焦虑和悲伤

让我们来看看米娅改变想法后，感觉是如何变化的。

情况	想法	感觉
今天是星期三，我在学校。	距离周末还有两天。我的测验成绩很好，也许周六可以去看电影。	很好

我们可以选择如何看待事情以及如何感受。所以好心情的选择权在我们手中。

Foryou

你　要　做　的

　　在任何情况下都能感到快乐和满足的一个重要方法，就是记住你所拥有的东西。在任何情况下，你都有一个秘密武器，那就是你自己。你善良乐观、乐于助人、风趣幽默、思维敏捷……你有爱你的人，也有永远愿意帮助你的人。花几分钟列出你所拥有的东西吧！

　　❱❱ 请列出你最引以为豪的三种品质、优势或才能：

❶ ....

❷ ....

❸ ....

　　❱❱ 请列出三个你喜欢与之共度时光的人（宠物也可以算在内）：

❶ ....

❷ ....

❸ ....

📚 请列出你喜欢做的三件事：

① ....

② ....

③ ....

Foryou

更 多 你 要 做 的

当你情绪低落时，有方法可以让你拥有好心情，那就是专注于你所拥有的东西、你所擅长的事情，以及你能做的事情，努力让这次或下次的情况好起来。

我在想：

情况	想法	感觉

相反，我可以这样想：

情况	想法	感觉

我在想：

情况	想法	感觉

相反，我可以这样想：

情况	想法	感觉

Activity 11

活动 11　怀有感恩之心

· **你要知道** · 感恩的意思是"心怀感激"。当我们把
注意力集中在美好的事物上，集中在我们所感激的事
物上时，我们就会让每一天都变得更加美好。

我们经常会被那些我们不想要的事物（不想去上学、不想做作业），以及我们想要得更多的事物（更多的朋友、更多的玩具、更多的假期）所困扰，这些想法会让我们焦虑、悲伤甚至愤怒。

当然，并不是每一天都会很美好。我们可能会被冷落，我们可能会为一场重要的比赛或考试而担心，事情有些时候并没有像我们期待的那样发展……在这些情况下，感觉良好是很难的。

但是，如果你能停止想这些令你不开心的事物，专注于你已经拥有的事物，坏事就会变成你可能会注意到但不需要花太多时间和精力去应对的小问题。当你这一天过得很艰难时，想想你所感激的事物会对你有所帮助。

Foryou
你 要 做 的

请花几分钟的时间列出你所感激的事物。

我很感激……

》》我生活中的这些人...

》》我的爱好和业余时间喜欢做的事情...

....

❱❱ 大自然中的事物..

❱❱ 我擅长的事情..

❱❱ 我喜欢的歌曲、电影和书..

❱❱ 我做过的事情或经历过的冒险................................

....

❱❱ 我的优点..

❱❱ 我喜欢吃的食物..

❱❱ 一线希望（看似非常艰难，却带给我重要启示的事情）

....

....

Foryou

更 多 你 要 做 的

你可以每天花几分钟的时间记录下你所感激的事物，可以用下面的表格，也可以自己设计。或者，你也可以制作一本"感恩日记"。找一个小本子，或者在手机备忘录里，记录你所感激的事物。这可以帮助你选择关注什么，用什么来充实自己的一天。

经常感激同样的事物也没有关系，这只能说明你很幸运。除了感恩日记中列出的内容外，你还可以考虑记录以下内容。

▶ 让我开怀大笑的人和事

▶ 爱我的人

▶ 我经历过的有趣的事

▶ 好闻的气味

▶ 我感受到善意的时刻

▶ 令我引以为傲的事

▶ 让我的生活更轻松或更美好的人和事

▶ 帮助过我的人，如老师、教练、医生、消防员等等

▶ 我可能会忽略的"日常"事物（带我去目的地的公共汽车、火车或飞机；有我喜欢的食物的杂货店……）

感恩日记

日期：...................

🎧 我要感谢的三个人：

❶ ....

❷ ....

❸ ....

🎧 我要感谢的三件事：

❶ ....

❷ ....

❸ ....

🎧 今天发生了三件好事：

❶ ....

❷ ....

❸ ....

4

CHAPTER 4

打破焦虑循环
步骤三：选择另一种行动

Activity 12

活动 12　尝试新的和暂时还不适应的事情

·**你要知道**·做一件你从未做过的事，或者做一件让你感到不适应的事，最好的办法就是循序渐进，每次做一点点。当你能把一件新的或具有挑战性的事情分解成几个小步骤时，它就不会让你感到难以承受了。

现在，我们进入了如何打破焦虑循环的第三步。第三步就是选择另一种行动。

到目前为止，在这本训练手册中，我们一直在研究如何通过积极的想法来减少焦虑。因为，我们对事物的想法和感受会影响我们的行动。

想法　　　　　感受　　　　　行动

我们所选择的行动也非常重要，因为我们的行动决定了我们的经历，这些经历塑造了我们对自己和世界的看法。

想法　　　　感受　　　　行动

正如前文提到的，当焦虑突然出现，你的身体会拉响警报，你通常会用行动来避免或确保你担心的"坏事"不会发生，但最终你可能无法承受这样的身体感受。为了让你的身体知道这种不适应的情况是可以接受的，你必须继续做你想要逃避的事情，请相信你是能做到的！

如果你选择尝试令你感到不适应的事情，或者准备面对困难，而不是回避它，你的身体就会知道这种情况并不危险，你可以处理好它。只有这样，身体警报才不会频繁响起，烦恼才不会频繁困扰你。

在本节中，我们将练习尝试新的和令你感到不适应的事物。我们将从简单的练习开始，帮助你建立信心，直到你能够应对最困难的挑战。

Foryou

你　要　做　的

吉尔是一名六年级的学生，她非常害怕去学校，以至于好几个星期都没去上课！她的烦恼很难一次性解决。不过吉尔发现，把烦恼分成几个步骤会更容易解决。一开始，她只是每天早上到学校的大厅坐坐。几天后，她开始尝试上第一节课。后来，她可以留下来上第二节课。又过了几天，她可以在学校待一上午了。

一步一个脚印地前进对吉尔来说非常有效。每走一步，她都发现自己此前担心的事情并没有发生。她意识到，她能够应对在学校中遇到的小挑战，比如一次有难度的考试或一个刻薄的同学。每次成功应对挑战的经历，都让她对应对下一次挑战更有信心。慢慢地，吉尔可以在学校待一整天了。

你曾经在活动 3 中列举了几种令你感到焦虑的情况。现在，从中选择一种情况，并用下面的"我的练习阶梯"工作表，把它分成五个容易处理的小步骤。在阶梯的底部，写上你认为最简单的一步。在阶梯的顶端，写上你认为最难的一步。在每个步骤旁边，写下你计划完成这一步的日期。这将帮助你不断前进，实现最终目标！我们以吉尔的练习阶梯为例。

吉尔的练习阶梯：担心上学

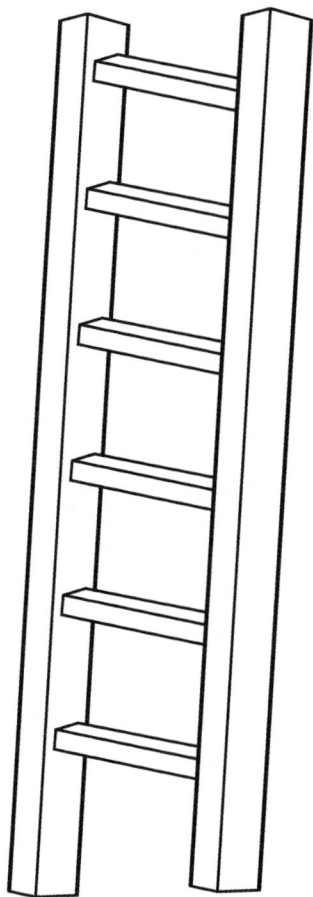

第五步（最难）： 在学校待一整天。
日期：11 月 24 日、28 日、29 日

第四步： 留在学校上早课、吃午饭和课间休息。
日期：11 月 21 日、22 日、23 日

第三步： 在学校待到午餐时间。
日期：11 月 15 日、16 日、17 日

第二步： 上第一节课。
日期：11 月 10 日、13 日、14 日

第一步（最简单）： 走进学校，在大厅坐 20 分钟。
日期：11 月 7 日、8 日、9 日

我的练习阶梯

我的焦虑是：.......................

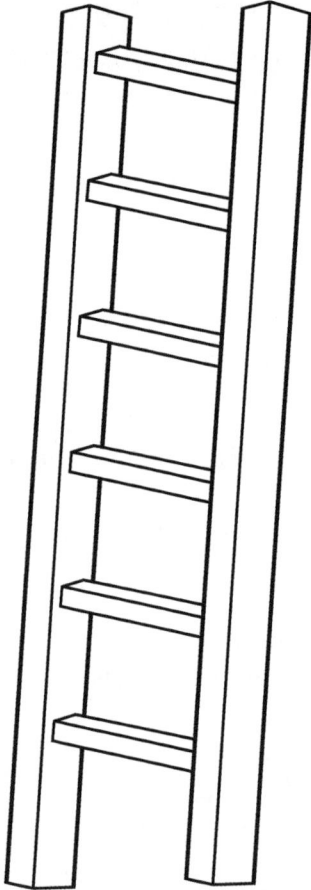

For you

更 多 你 要 做 的

　　练习阶梯适用于任何烦恼。想一想你想解决但又觉得难以解决的烦恼。请为每个烦恼搭一个梯子吧。你的梯子不一定只有五级台阶。如果五级不够，那就搭一个更长的梯子，你可以搭七级甚至十级的梯子。

　　一次解决一个烦恼阶梯。在每级阶梯上都给自己几天时间，让自己适应身处这种情况的感觉，确保不会有糟糕的事情发生，并向自己证明，无论遇到什么情况，你都能应对自如。继续向上爬，最终实现自己的目标。

　　对啦！别忘了奖励自己做得好的地方。当吉尔实现了在学校待一整天的目标后，她的爸爸妈妈带她去了她最喜欢的比萨店吃晚饭！

我的焦虑是: ....

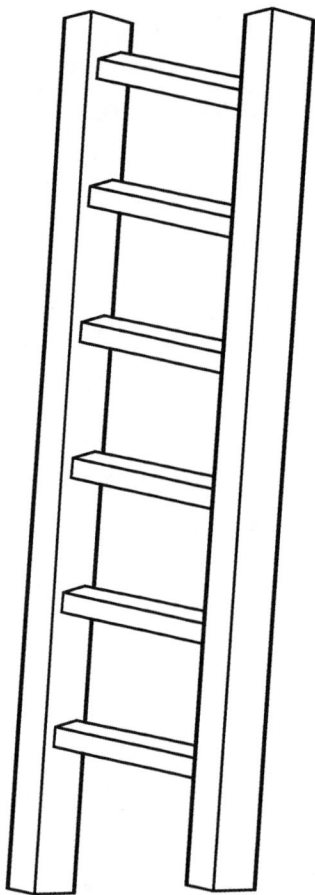

Activity 13

活动 13　选择另一种行动

·你要知道· 当我们选择回避新的或者令我们感到不适应的事情时，我们就会陷入恐惧和焦虑之中。如何摆脱这种情况呢？那就是去做让自己恐惧的这件事。我们恐惧的只是自己的念头而已，其实事情本身并不可怕！

当你总是听从焦虑，并且试图避免"坏事"发生时，你就不会知道：

1. "坏事"其实不会发生；

2. 即使事情的结果并不完美，你也能处理好。

要让自己知道很多事情其实并不可怕，你必须做自己不敢做的事情，并证明你可以处理得很好。例如，如果你不想在午餐时与其他孩子坐在一起，那么你可以和一个喜欢独来独往的孩子坐在一起。

当你感到焦虑，正在犹豫下一步该如何行动时，请记住以下提示。

▶ 做令你感到恐惧的事情。

▶ 做焦虑希望你做的相反的事情。

For you
你 要 做 的

"不逃避"意味着你已经朝着最终目标迈出了一小步。让我们来练习一下"不逃避"吧！了解如何行动才能接近最终目标。

〿 卢克一直想成为一名优秀的游泳运动员，但他总是担心自己通不过游泳测试，所以他在游泳课上一直不敢进入游泳池。

担心导致的行动：上游泳课时，我一直坐在凳子上。

感觉：我上不了游泳课，我不擅长游泳。

可以做的事情：••

••

瓦妮莎想完成家庭作业，但她担心这很难，所以她决定先看看她最喜欢的节目。

担心导致的行动：看电视，直到时间不够了，不得不写作业。

感觉：家庭作业又累又难。

可以做的事情：••

••

For you

更 多 你 要 做 的

　　你因焦虑或恐惧而采取的行动通常是为了避免"坏事"发生，但是我们建议你"反其道而行之"。例如，如果你的焦虑告诉你"不要举手！"，那么你应该举起你的手。如果它说"不要参加那个比赛，那会很丢人！"，那么你应该参加那个比赛。如果你晚上不敢一个人睡觉，焦虑可能会告诉你"叫爸爸妈妈和你一起睡吧！"，那么你应该告诉他们在 20 分钟后去看你，而不是现在就留下来陪你。

请选择一个焦虑循环，然后练习"反其道而行之"。

"如果"的想法：

_____

_____

我感觉好多了，但不会持续太久！

我的身体警报响了。

我试图通过以下方式避免警报响起：

_____

_____

焦虑循环

❯❯ 你因为焦虑而采取的行动：...

....

❯❯ 你应该怎么做（反其道而行之）：...................................

....

86

Activity 14

活动 14　练习习惯

· **你要知道** · 我们的身体有惊人的适应能力。只要我们愿意忍受在行动开始时的不适感，身体就能很快适应。还记得你在活动 6 中学习到的"复位"吗？为了克服烦恼，你需要在自己不适应的环境中待足够长的时间，这样你的"复位"按钮才会被按下，你的身体才会开始恢复正常。身体复位的次数越多，就越有可能习惯它曾经焦虑的东西。

使用"练习阶梯"的目标之一，就是让自己有机会习惯上面列出的困难情况。你可能需要把它分成几个步骤，但无论如何，都不要放弃！练习得越多，就越容易实现目标。

下面是有关茉莉的例子。茉莉很怕狗，她从来不去有狗的地方。如果朋友家养狗，她就不会去；如果她认为公园里可能有狗，她就不会去。茉莉告诉妈妈，她担心狗会咬她或扑向她。但当茉莉开始质疑自己的焦虑时，她发现自己的焦虑可能只是自寻烦恼。

茉莉理智地思考了一下，很多孩子都养狗，所以狗一定没有那么危险。她也向朋友们打听过他们的狗，得知没有人被咬过。她还了解到，狗跳到人身上的行为，就像是在和人打招呼。茉莉发现，当她把注意力集中在这些积极的想法上，而不是焦虑的想法上时，是很有帮助的。但是，当茉莉真正看到狗的时候，她还是会害怕。

是时候使用"练习阶梯"帮助茉莉习惯狗的存在了。

茉莉的练习阶梯

茉莉的焦虑来源：狗

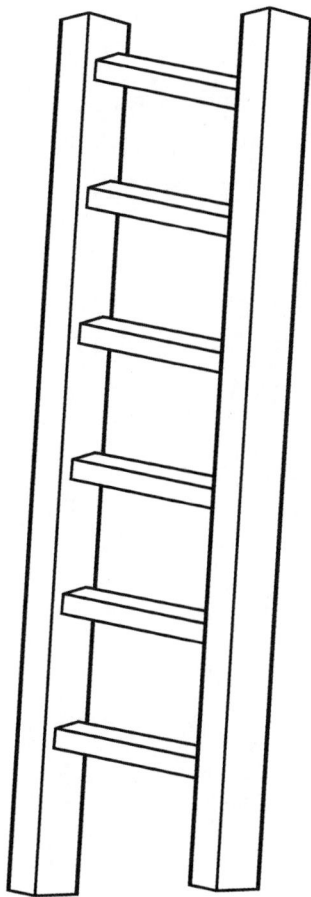

茉莉和奶奶以及被拴住的狗在同一个房间里待 30 分钟。

让奶奶和狗在一个房间，茉莉在隔壁的房间里待 30 分钟。

茉莉去奶奶家，让奶奶把狗拴在一个房间里，她和奶奶在隔壁的房间里待 20 分钟。

在一个可能有狗的公园待 15 分钟。

跟着被牵着的小狗的足迹走。

Foryou
你　要　做　的

想要"习惯"某件事就要有一些耐心。你可能需要多次尝试才能实现目标。请记住，如果你总是回避令你感到不适应的情况，你的身体就会认为这种情况是危险的。但如果你能在不适应的情况下坚持到复位按钮启动，你的身体就会习惯令你焦虑的情况！

请从"练习阶梯"中抽出一级，给自己一些时间去适应。你可以每"上"一级就增加几分钟的适应时间，也可以像茉莉那样把一个步骤按照不同的形式多重复几次。

我的焦虑是：．．．．．．．．．．．．．．．．．．．．．．．

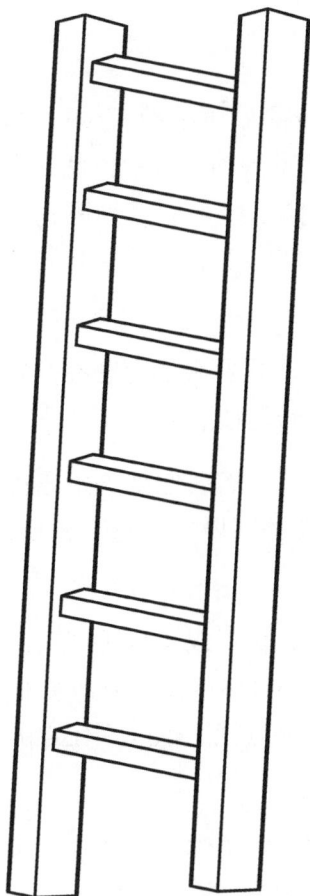

Foryou

更 多 你 要 做 的

如果你来自一个安静的城市，当你到一个非常吵闹的城市旅行时，你在入住当晚可能会失眠。你可能会想，在如此嘈杂的环境中，怎么会有人睡得着呢？反之亦然。这是因为我们的身体已经习惯了周围的环境。一旦发生变化，就会让我们感到很不适应。如果我们担心变化和不适，并试图避免它，我们就会陷入焦虑循环。

但请记住，我们的身体具有惊人的适应能力。只要我们愿意在开始时忍受一些不适感，身体就能很快适应新环境或新习惯。

如果焦虑告诉你"我睡不着，周围太吵了！"，然后你就开始通宵看电视，那么你的身体就不会有机会习惯在这样的环境中睡觉。相反，它会慢慢习惯在你应该睡觉的时间看电视。

但是，如果你选择挑战焦虑，转变想法，比如你可以这样想"虽然周围很吵，但是我睡得不如平时好也没关系"，那么你的身体就会知道没有必要拉响警报。每晚你都会比之前睡得更好一点儿。你的身体真的很善于调整，你要相信它。

以下是一些你可能需要练习"习惯"的事情。如果你觉得这些事情中有比较困难的，那么就做一个"练习阶梯"，帮助你慢慢习惯它。

练习 1: 教会你的大脑，你可以适应黑暗。

▶ 尝试穿过黑暗的走廊。

▶ 关着灯入睡。

练习 2：教会你的大脑，看起来不熟悉的食物（请确认是可食用的食物）并不危险。

▶ 尝试你以前从未吃过的水果。

▶ 尝试用新酱汁或新方法做的食物。例如，如果你总是在三明治里涂抹草莓酱，那么今天可以试试树莓酱。

练习 3：教会你的大脑，新的地方和新的人并不危险。

▶ 和家人一起去一个你以前从未去过的公园。进阶的做法是，再邀请一位朋友家的孩子加入！

▶ 参加学校组织的社团活动，并结交新的朋友。

我的焦虑是：........................

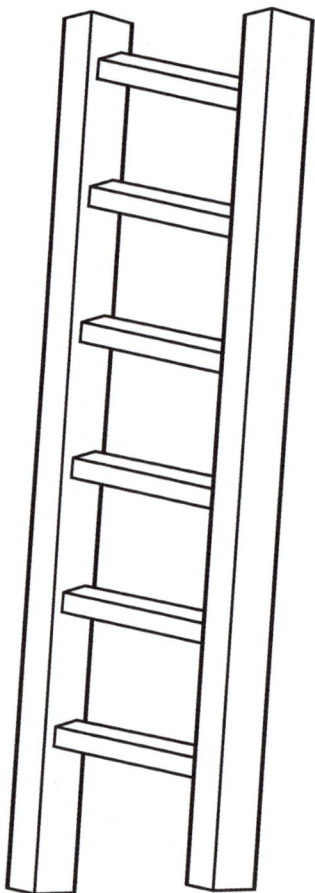

Activity 15

活动 15　你做得越多，就越容易

· **你要知道** · 为了克服令我们感到焦虑的事情，我们需要先把自己置于令我们感到焦虑的环境。我知道这很难做到，但是诀窍在于：做得越多，就越容易。我们第一次做令我们感到焦虑的事情时，可能会感到非常害怕！但是，当我们一次又一次地重复这件事情时，那种害怕的感觉最终会消失。

焦虑会随着时间的推移、重复次数的增加而减少，原因有以下几点。

▶ **当我们发现自己担心的事情最后并没有发生后，下次再遇到这种情况就不会那么焦虑了。**

▶ **我们发现无论遇到什么，我们都能应对。**

▶ **我们的身体意识到这种情况并不危险，所以身体警报不会在这种情况响起。**

让我们来认识一下格雷格，他很害怕离开爸爸妈妈。他担心爸爸妈妈不在身边时，他无法独自面对可能会发生的事情。格雷格的爸爸妈妈第一次把他单独留在家里（在小区里散步十分钟）时，格雷格惊喜地发现并没有可怕的事情发生。他玩了一会儿电子游戏，爸爸妈妈就回来了！在他独自在家很多次后，确实发生了一件他从未遇到过的事情。一次在格雷格的父母外出时，他流鼻血了，格雷格经常会流鼻血。一开始他有些惊慌失措，但他转念一想，自己已经处理过很多次流鼻血的情况了，然后他冷静下来，拿了几张纸巾捂住了鼻子，不知不觉血就止住了。格雷格发现他完全可以靠自己的力量应对这件事。这极大地增强了他的信心！

Foryou
你 要 做 的

选择一件让你感到焦虑或害怕的事情。在接下来的一周里，每天都做这件事，尽量保持每天面对的情况相似。每天完成这件事情后，请在下图中用 0 到 10 的分数记录你的恐惧等级，0= 完全不恐惧，10= 非常恐惧。

示例：

下面是肖恩（8岁）完成的图表。他不敢看恐怖电影，这给肖恩带来了一些困扰，因为他不知道朋友们在课间休息和午餐时聊的是什么，他觉得自己无法融入大家。肖恩不想再有被冷落的感觉了。于是，他决定挑战自己。肖恩决定连续一周每天都看同一部恐怖电影，前三天只看前半部分，后三天只看后半部分，并记录下自己的恐惧等级。通过图表你发现了什么呢？

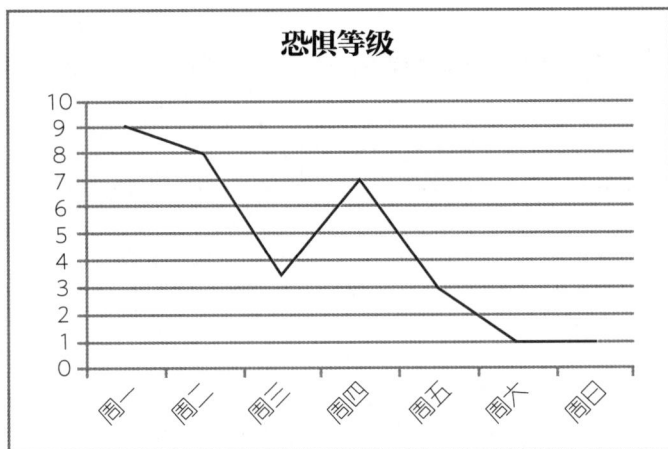

恐惧等级

下面是一张空白的图表，你可以在未来的一周内记录自己的恐惧等级。开始前你需要确定希望解决的问题以及你每天的计划：

🐾 令我焦虑的事情是：..

🐾 我的计划是：每天..

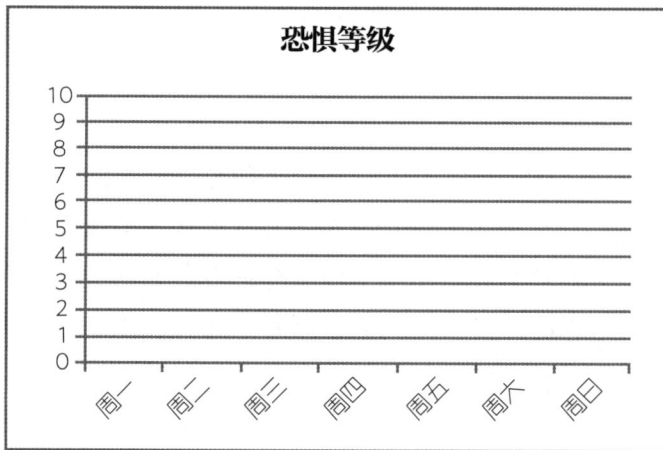

恐惧等级

🐾 等到周日，把你记录的点连成一个折线图，你发现了什么规律？

....

....

....

98

Foryou

更 多 你 要 做 的

恭喜你！你挑战了一件你认为"有点困难"的事情！现在，再次回顾活动3，从你认为"困难"但不是"很难"的事情中选出一件。

事情: ....

....

现在，让我们思考如何让这件事更具有挑战性，请完成下面的句子。

如果......................................（你最害怕的事情即将发生），

我就永远无法..........................（"困难"的程度）。

示例：

如果你害怕在别人面前做事，你可以写：

如果我在学校排队吃午饭时把盘子掉在地上，**我就永远无法**面对其他人了。

如果你害怕独自一人在家，你可以写：

如果停电的话，**我就永远无法**一个人待在家里了。

你能尝试一下去做令你焦虑的事情吗？这可能需要很大的勇气，并

99

且需要提前做一些计划（比如让爸爸妈妈在离开家之前，提前 10 分钟关掉家里所有的灯）。

在你试图让令你焦虑的事情发生后，请回答以下问题。

❧ 这次经历和你预期的一样糟糕吗？

....

....

❧ 即使你感到紧张或害怕，你也能应对，对吗？

....

....

❧ 你还学到了什么呢？

....

....

这个练习可能会让你有些焦虑。不过不要担心，重复几次，你会发现，令你最焦虑的事情也会变得容易面对。

Activity 16

活动 16　你能控制什么

·你要知道· 我们不能控制别人的言行。大多数发生在我们身上的事情也不是我们能控制的。我们无法让事情按照我们的意愿发生，也无法改变别人的想法或行为。但是我们可以控制自己对某种情况的看法，以及在这种情况下我们该怎么做。

在我们的生活中，确实会发生一些糟糕的事情。你可能考了一个糟糕的分数，你最好的朋友可能会搬去别的地方，你可能会在舞台上跳错舞步，或者在比赛中失利。你可能会因此感到悲伤、沮丧，甚至愤怒。你的这些感觉都是正常的，是你面对糟糕事情的正常反应。

然而，当你的情绪阻碍了你去享受喜欢做的事情时，你就会感觉很累。这种情况有很多，当你的一个朋友很刻薄，而你无法改变他的行为的时候；当你的老师真的很严厉，你无法让她更宽容的时候……但是在这种情况下，你如何看待，以及你可以做什么，是你能够掌控的。

For you

你 要 做 的

为了让事情变得更好，你可以想些什么、做些什么呢？我们可以通过下面这个案例找一下思路。假设你参加了棒球队的选拔赛，但没有入选，而你的朋友都在棒球队。这让你很失望，因为放学后你不能和朋友们一起玩了。在这种情况下，你能做什么呢？

❶ 用一种积极的方式思考。以下是你需要记住的事情。

▶ 这个情况是暂时的。问问自己，没能入选棒球队虽然令你很失望，但这会毁了你的人生吗？还是仅仅是一场比赛呢？这个经历会令你一辈子都无法释怀吗？还是仅仅会影响你一段时间呢？如果是你的一个朋友没有入选棒球队，你会对他说什么呢？

▶ 你是人。没有人是完美的，与其总是被失败困扰，不如想想如何努力变得更好。你可以对自己说，"放学后我会和我哥哥一起练习击球和接球。""我可以努力练习，终有一天可以加入棒球队。"

▶ 专注于其他事情。专注于你所拥有的事物。你可以对自己说，"就算不能加入棒球队，我也很喜欢棒球。""即使我不在队里，我也很喜欢棒球。""我很幸运，可以经常和朋友一起打棒球，每次选拔赛都会让我进步。"

❷ **想想你能做什么，让这次经历变得积极**。记住，你的焦虑并不会真正保护你，反而会让你放弃你爱的棒球，甚至可能会让你放弃尝试其他运动，认为自己永远无法成功。以下是你可以选择做的事情。

▶ 制订一些计划。可以计划和朋友们一起去公园玩。

▶ 继续尝试。平时可以通过社区组织的小比赛训练击球和投球的能力。明年再参加一次选拔赛，也许就会成功。

▶ 寻求他人的帮助。请哥哥和叔叔帮助你练习。

▶ 尝试不同的活动。可以试着尝试新活动。

现在，让我们做些练习吧——如何去想、如何去做，才能让事情变好？

　有挑战性的情况：我父母要出去了，我不得不和一个我不太熟悉的亲戚住在一起。

我可以如何想：...

我可以如何做：...

....

〽️ 有挑战性的情况：家庭作业太多了，我没时间看电视或者做其他的事情。

我可以如何想：..

我可以如何做：...

....

〽️ 有挑战性的情况：我邀请朋友一起玩，但她说她已经和别人有约了。

我可以如何想：..

我可以如何做：..

....

〽️ 有挑战性的情况：今天要打篮球，可我忘了穿运动鞋。

我可以如何想：..

我可以如何做：...

....

Foryou

更多你要做的

从现在起，当你面对有挑战性的情况时，都要思考可以如何想，以及如何做。请记录未来一周面对的有挑战性的情况吧！

有挑战性的情况：..

我可以如何想：...

我可以如何做：...

....

有挑战性的情况：..

我可以如何想：...

我可以如何做：...

....

105

Activity 17

活动 17　创造快乐

· **你要知道** · 快乐是精神上的一种愉悦感。当我们做自己喜欢的事情时，会感到快乐。当我们做真正有趣的事情、追求我们认为重要的事情时，会感到快乐。当我们实现目标时，会感到快乐。当我们尝试一些新事物时，会感到快乐。当我们帮助他人时，也会感到快乐。

对于能带来快乐的事情，每个人都有不同的看法，因为快乐与我们每个人喜欢做的事情有关。有些人觉得钓鱼很快乐，有些人则觉得钓鱼很无聊。那么，你的兴趣是什么？什么事能让你快乐？什么事能让你感觉良好呢？

有些事情会让你立刻感觉良好，但这种感觉只是短暂的，比如吃冰淇淋或看电视剧。而另一些事情虽然一开始不会让你感觉良好，但却能让你长时间享受到愉悦的感觉，比如你非常努力地创作着自己的漫画书，也许需要几个月的时间，你才能完成这本书，但在完成之后你会非常快乐，非常有成就感，而且在这个过程中，你的画技也得到了提高！

等待快乐

创造快乐

Foryou

你 要 做 的

创造快乐的好方法就是追求一个目标或一种体验。比如，用乐器演奏一首完整的歌曲。记住，你要制订简单且能够现实的目标，这些目标虽然具有挑战性，但是对你来说并非不能实现。仔细想想在未来几周内，你可以实现的小目标。

➲ 请列出你想做得更好的三件事：

❶ ....

❷ ....

❸ ....

➲ 为了实现目标，请列出本周你可以做的三件事：

❶ ....

❷ ....

❸ ....

❱❱ 请写出今天你可以为实现目标做的一件小事:

··

想想在你感到最快乐或最平静的时候,你在干什么?现在就制订一个计划,多做这样的事。

❱❱ 请列出你希望经常做的三件事:

❶ ··

❷ ··

❸ ··

❱❱ 为本周你可以做的三件事制订计划,做更多你喜欢的事:

❶ ··

❷ ··

❸ ··

📎 请写出今天你可以做的一件小事：

....

Foryou

更 多 你 要 做 的

当我们计划给别人带来快乐，或者做一些让别人开怀大笑或感觉良好的事情时，我们也是在为自己创造快乐。

📎 列出三个你爱的人和你爱他们的地方（别忘了你的宠物！）：

❶ ....　　❶ ....

❷ ....　　❷ ....

❸ ....　　❸ ....

📎 请写出今天你可以做的让别人开心的一件小事：

....

5

CHAPTER 5

打破焦虑循环
步骤四：坚持练习

Activity 18

活动 18　和不舒适同处

· **你要知道** · 容易焦虑的孩子不仅倾向于逃避令他感到不适应的情况，还会试图逃避不舒适的感觉（如痒的感觉）。可事实是，他们越逃避这些感觉，就会越难受。

你听过"豌豆公主"的故事吗？在这个童话故事中，公主非常敏感，隔着二十张床垫和二十张羽绒床，她都能感觉到一颗小小的豌豆，而且她坚信是这颗豌豆让她难受的。许多容易焦虑的孩子也很敏感。他们会像豌豆公主一样注意到很多别人不在意的小事，比如衣服上令人发痒的标签，房间里不太舒适的温度。他们对无聊、孤独等不舒适的感觉也非常敏感。

容易焦虑的孩子在感到不舒适时，倾向于逃避这种感觉。他们会脱下带有标签的衬衫，或者坚持离开有些热的餐厅。他们可能会尝试用大量的活动来打发时间，以免感到无聊，或者总是跟着周围的人来逃避孤独感。他们需要练习如何掌控自己的身体感觉。

Foryou

你 要 做 的

让我们来帮助你练习掌控自己的身体感觉，当你下次再遇到类似的情况时，就不会觉得那么糟糕了。

⟩⟩ 下面列出了一些会让焦虑的孩子感到不舒适，想要逃避的情况。请选出让你觉得不舒适的几种情况。

_____ 待在很热的房间里或在天气很热的时候待在室外。

_____ 待在很冷的房间里或在天气很冷时待在室外。

_____ 无所事事，感到无聊。

_____ 独处，感到孤独。

_____ 穿感觉不舒服的衣服（比如穿带标签的衣服、穿太紧或太大的衣服、穿有接缝的袜子等）。

_____ 感到饥饿。

_____ 感到口渴。

_____ 待在太吵的地方。

_____ 待在太拥挤的地方。

⟩⟩ 在接下来的一周里，当不舒适的感觉出现时，我知道你想要逃避，但是请你坚持下去。第一天，请尽量在这种感觉下坚持至少五分钟。之后，当这种感觉再次出现时，请再多坚持两分钟。当这种感觉又出现时，请再多坚持两分钟。你的目标是在这种感觉下至少能坚持十分钟。

当你能让自己在感到不舒适的环境中待上十分钟或更长时间后，让我们思考一下，为什么你以前总是逃避这种情况，而现在却能坚持。看看下面的想法是否适用于你。

_____ 我坚持得越久，事情就越容易。

_____ 当我不得不面对某些情况时，我想出了一些办法让自己放松。

_____ 当我面对这种情况时，除了感到不舒适之外，我还能专注于其他事情。

_____ 当我面对这种情况时，我玩得很开心。

_____ 我很高兴看到自己能应对自如。

_____ 我很高兴发现自己能适应不熟悉的感觉，因为我经常会遇到这种情况。

Foryou

更 多 你 要 做 的

当出现让你焦虑的事情时，我们的大脑中往往会出现一个巨大的"STOP（停止）"标志。很多时候，我们会选择立刻逃避。这有点像驾车行驶在高速公路上，如果我们感到害怕或焦虑，就会寻找最近的出口，离开高速公路。我们之所以会选择逃避，是因为我们不知道前方有什么，或者接下来会发生什么！

让我们练习做一些一开始会让你感到不适，但是通过练习，你会发现没什么好担心的事情。你可以自己选择或者让父母帮你选择一部有点可怕但又适合你年龄的电影。请确保这部电影你之前没有看过，你并不知道剧情。

第一天在观看电影的过程中，你要关注自己的想法、感受和行为。这很重要，你要了解自己是从什么时候开始感到害怕和紧张的。你是否出现了心跳加速、手心出汗等现象？你是否捂住了眼睛或躲在枕头后面？你是否有冲出房间的冲动？

当你有这种感觉的时候，请立刻停止观影，并为你目前的焦虑程度评级。0 代表不焦虑，10 代表极度焦虑。你的焦虑程度是............。

Share 在接下来的一天里，请写下你脑海中出现的对于这部电影的想法，以及你在观看这部电影时的感受和行为：

....

....

....

第二天，从头开始观看这部电影。你要关注自己的想法、感受和行为。不过和昨天不同的是，你要看看接下来电影里会发生什么。即使你感到焦虑，也要继续看下去，直到看完。

在电影结束时，为你目前的焦虑程度评级。0 代表不焦虑，10 代表极度焦虑。你的焦虑程度是............。

119

Share

请写下你对这部电影的想法，以及你在看完整部电影后的感受和行为：

....

....

....

当我们待在一个新的或不确定的环境中时，很多时候都没有糟糕的事情发生，我们可以应对得比预想中的更好。生活也类似于电影练习。当你向前"进"，而不是"停"和"退"的时候，你往往会迎来一个圆满的结局，请相信自己可以应对各种不适的想法和感受。下一次，当你遇到类似的情况时，当你想要停止和后退时，请按下大脑中的"GO（出发）"按钮。你会为自己的发现感到惊喜！

Activity 19

活动 19　如果你灵活变通，焦虑就无法生存

· **你要知道** · 很多人认为，只要保持一成不变，就能控制自己的烦恼。但问题在于，生活很少会让我们一成不变！我们的世界充满了变化和不确定性。因此，如果你过于刻板地遵守你自己设定的规则，就会为失败埋下伏笔。

在前面的活动中，你了解到你无法控制他人和环境。在本次活动中，你将了解到你也无法控制自己的烦恼，但是你可以学会变通。当你能懂得变通时，你就能更好地处理日常生活中不可控的变化了。

铅笔非常坚硬，一点都不柔软。如果你用力掰铅笔，铅笔会怎样呢？没错，铅笔会断开。

如果是一块黏土，情况就完全不一样了，因为黏土可以变成各种各样的形状。请相信懂得变通的人是最强大的。当你懂得变通时，你就能适应各种情况。让我们开始练习如何让我们的头脑懂得变通吧！

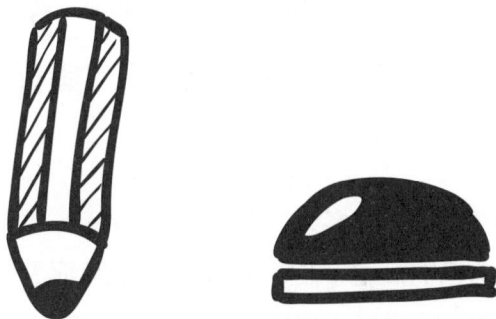

For you

你 要 做 的

🎧 选择一件你一直在做的事情，即你的习惯，例如：

▶ 每天吃同样的午餐。

▶ 放学后总是和同一个朋友一起玩。

▶ 每周末都会去逛公园。

请写下你的习惯：．．．．．．．．．．．．．．．．．．．．．．．．．．．．

🎧 请在便签或纸条上写下你习惯做的事情还可以有哪些选择。

例如，在过去的两年里，哈里森每天的午餐都是一个面包圈、一个青苹果和一个奥利奥。他现在想出了五种不同的午餐，计划在学校尝试一周。

火腿三明治、巧克力饼干、苹果汁	火鸡三明治、燕麦饼干、橘子	奶油奶酪面包圈、巧克力饼干、苹果
花生酱三明治、奥利奥、香蕉	在学校买午餐	

🎧 把便签收集起来，每天早上随机抽取一张，并执行上面的安排。

例如，哈里森抽到了写有"奶油奶酪面包圈、巧克力饼干、苹果"的便签作为周一的午餐安排。那么爸爸就会帮他准备，哈里森会在周一午餐时尝试这些食物。

🎧 你在这些灵活的安排中学到了什么？你能应对这些变化吗？随着时间的推移，你能适应得很好吗？在练习过程中你有没有发现乐趣？请写下你的想法：

....

....

....

想要学会变通就需要勤加练习。你可以重复这样的练习，直到你能适应得很好。在你能够适应这样的变化后，你可以选择继续挑战"未知"练习。"未知"练习指的是由其他人为你做出选择，但是不会提前告诉你。即你不知道接下来会发生什么。这可以帮助你应对未知的情况，并且从中获得乐趣。

Share 你从"未知"练习中学到了什么？你能应对吗？你觉得"未知"练习有趣吗？请写下你的想法：

....

....

....

Foryou

更 多 你 要 做 的

现在，你已经学会了如何灵活地应对日常生活中的变化。你知道吗？其实大脑和你一样也懂得变通。你可以教会大脑，即使有些事情可能会让你有些不适应，但它们并不危险。

下面是一份练习清单，你可以通过这些练习训练大脑，让大脑知道你并没有危险，你只是在做一些具有挑战性的事情。你也可以把你经常面对的挑战加入这份清单中，让这份清单变得独一无二。

练习 1：告诉你的大脑，就算你做了自己不喜欢或者觉得无聊的事，你也不会有危险。

▶ 读一本你通常不会读的书。

125

▶ 选择一家你不确定自己是否会喜欢的新餐厅。

▶ ....

....

练习 2：告诉你的大脑，就算计划改变了，你也不会有危险。

▶ 已经计划好了出游，但是后面让父母修改出游计划。

▶ 重新计划晚上要做的事，因为白天你没有把所有事情做完。

▶ ....

....

练习 3：告诉你的大脑，就算你不擅长做某件事，你也不会有危险。

▶ 体验一个你从未玩过的游戏。

▶ 快速画一幅画，贴在冰箱或卧室门上。

▶ ....

....

练习 4：告诉你的大脑，就算事情没有按照你习惯的方式进行，你也不会有危险。

▶ 坐在你不常坐的位置上吃饭。

▶ 换一条你不常走的路线回家。

▶ ....

....

练习 5：告诉你的大脑，就算有一些让你感到不适的事情，你也不会有危险。

▶ 穿一件你不喜欢的衣服至少两个小时。

▶ 天热的时候多穿点或天冷的时候少穿点。

▶ ....

....

以上只是几个例子。你练习得越多，就越不容易焦虑。加油！

....

127

Activity 20

活动 20　把步骤结合起来

· 你要知道 · 打破焦虑循环需要循序渐进，你需要
完成很多小步骤。按顺序练习这些步骤，你就能更快
地克服焦虑和恐惧，从而减少焦虑的时间，获得更多
时间去做自己喜欢的事情。

当你发现身体警报响起，当你感到焦虑、悲伤、气愤，或者当你认为自己可能陷入了焦虑循环时，你可以按照以下四个步骤来做。

1. 识别假警报。大部分警报都不危险，只是出现了你没遇到过的、有点困难的，或者让你不适应的情况。

2. 选择积极的想法。问问自己：我的想法是真的吗？我的想法有用吗？最有可能发生什么？如果是你以前曾经遇到过的情况，请回忆一下实际发生了什么。找出当前最需要关注的事情。我们担心的事情通常都不会发生。记住你曾经成功应对困难情况的经历，这会给你带来直面困难的信心。

3. 选择另一种行动。选择一个最有可能实现你最终目标的行动，其实就是跟焦虑"反其道而行之"，迎难而上。如果你觉得这样很难，可以拆解目标，每次只完成一小步。

4. 坚持练习。你需要不断挑战自己的焦虑，直到你的身体能够习惯令你焦虑的情况。练习得越多，你就能越快适应。当你的身体意识到这种情况并不危险时，你也就不会那么焦虑了。

For you

你 要 做 的

让我们来练习使用这几个步骤。下面是迈克尔的焦虑循环。你能帮助他打破焦虑循环吗?

考试会很难。如果我失败了怎么办?

我感到很轻松。

我感到焦虑和不适。

我决定休息一下(看电视),不去想它。

迈克尔的焦虑循环

迈克尔的身体警报响了吗？迈克尔是否感到焦虑、悲伤或气愤？

>> 请写下迈克尔的焦虑：..

....

>> 挑战迈克尔的焦虑：..

....

>> 将焦虑转化为符合实际情况的或积极的想法（选择关注的对象）：

....

....

>> 请写下迈克尔选择的行动：

....

....

Foryou

更多你要做的

本周，请用上面提到的步骤来帮助自己做好准备，应对焦虑吧。

新出现的或者令你感到不适的情况：..................................

你的身体警报响了吗？你是否感到焦虑、悲伤或气愤？

❱❱ 请写下你的焦虑：...

....

❱❱ 挑战你的焦虑：..

....

❱❱ 将焦虑转化为符合实际情况的或积极的想法（选择关注的对象）：

....

....

❱❱ 请写下你选择的行动：

⋯⋯⋯⋯⋯⋯⋯⋯⋯⋯⋯⋯⋯⋯⋯⋯⋯⋯⋯⋯⋯⋯⋯

⋯⋯⋯⋯⋯⋯⋯⋯⋯⋯⋯⋯⋯⋯⋯⋯⋯⋯⋯⋯⋯⋯⋯

新出现的或者令你感到不适的情况：⋯⋯⋯⋯⋯⋯⋯⋯⋯⋯⋯

你的身体警报响了吗？你是否感到焦虑、悲伤或气愤？

❱❱ 请写下你的焦虑：⋯⋯⋯⋯⋯⋯⋯⋯⋯⋯⋯⋯⋯⋯⋯⋯

⋯⋯⋯⋯⋯⋯⋯⋯⋯⋯⋯⋯⋯⋯⋯⋯⋯⋯⋯⋯⋯⋯⋯

❱❱ 挑战你的焦虑：⋯⋯⋯⋯⋯⋯⋯⋯⋯⋯⋯⋯⋯⋯⋯⋯⋯

⋯⋯⋯⋯⋯⋯⋯⋯⋯⋯⋯⋯⋯⋯⋯⋯⋯⋯⋯⋯⋯⋯⋯

❱❱ 将焦虑转化为符合实际情况的或积极的想法（选择关注的对象）：

⋯⋯⋯⋯⋯⋯⋯⋯⋯⋯⋯⋯⋯⋯⋯⋯⋯⋯⋯⋯⋯⋯⋯

⋯⋯⋯⋯⋯⋯⋯⋯⋯⋯⋯⋯⋯⋯⋯⋯⋯⋯⋯⋯⋯⋯⋯

请写下你选择的行动：

....

....

恭喜你！你已经学会了如何识别焦虑、挑战焦虑，计划和练习做一些今你感到不适应的事情了。你越是勤加练习，专注于真正重要的事情，做更多你过去逃避的事情，身体警报就越不会响起，因为你现在能够：

▶ 防止焦虑的想法一直持续，将其转化为积极的想法。

▶ 向你的身体证明你可以应对许多困难的情况。

▶ 训练你的身体，让它知道很多情况并不危险，只是还不适应。

6

CHAPTER 6
培养有益的习惯

Activity 21

活动 21　10 分钟正念

· 你要知道 · 你可能在学校或书中听说过正念。"正念"这个词的意思是关注当下在你身上发生的事情。"正念"或"专注于当下"意味着不对周围发生的事情做出判断或反应。也就是说，你只是一个旁观者。

在活动 9 "选择你关注的对象"中，我们了解到几乎所有的焦虑都是关于过去或未来的。而且，因为我们无法改变过去或未来，所以最好的对策就是了解当下自己的处境，继续自己正在做的事情。

关注当下可能很难，这需要大量的练习。但是，专注是一种可以打破焦虑循环的能力，尤其是当你以谨慎和友善的态度去处理问题时。

Foryou
你 要 做 的

每天尝试进行 10 分钟的正念练习。选择一个合适的时间：也许是刚刚起床后、也许是放学后，也许是准备睡觉前。一开始你可以尝试不同的时间，看看哪个时间适合自己。即使只练习几天，你也会发现自己能更好地集中注意力了，焦虑不会占据你大部分的精力。

请遵循以下步骤做。

1 找一个舒适的位置，保持舒适的坐姿。

2 缓慢而平稳地深呼吸。感觉空气充满你的腹部，然后慢慢地把它吐出来。

3 继续缓慢而平稳地深呼吸。感受空气进入你身体的每一个细胞，然后慢慢地吐出来。

❹ 现在，试着关注此时此刻。不要去想这一刻是好是坏，保持内心的平静，不做任何评判。你可以专注于自己的身体：扫描身体的各个部位，感受身体各部位的状态，也可以专注于自己的感官：你能听到的最安静的声音是什么？你能闻到的气味是什么？

❺ 集中几分钟的注意力，感受自己的呼吸。

❻ 最后做几次缓慢而平稳的深呼吸。

每天进行10分钟的正念练习可以帮助你减少身体发出的虚假警报。它还能帮助你更快地回到当下，让你不再为过去或未来焦虑。

Foryou

更 多 你 要 做 的

你可能注意到了，每当你焦虑或紧张时，你的父母或其他人可能会告诉你"放松"或"冷静下来"。但是，当你的身体警报响起时，你是很难平静下来的。下面是一个简单的呼吸和肌肉放松练习，如果你感到紧张或身体警报响得太频繁，你可以每天都做这个练习，帮助你保持放松的状态。

❶ 缓慢深呼吸：深吸一口气，慢慢从 1 默数到 5；屏住呼吸，从 1 默数到 5；然后呼气，从 1 默数到 5。

❷ 用鼻子吸气，确保腹部隆起，从 1 默数到 5；然后用嘴呼气，从 1 默数到 5。这样再重复两次。

❸ 闭上眼睛，感觉你的身体变得柔软且放松。

❹ 将右手握成拳头。握紧，从 1 默数到 5；然后松开，从 1 默数到 5。这样再重复两次。

❺ 将左手握成拳头。握紧，从 1 默数到 5；然后松开，从 1 默数到 5。这样再重复两次。

你现在是否感觉放松了？你还可以放松身体的其他肌肉，如腹部、大腿甚至脚趾的肌肉！记得把注意力集中在数数和肌肉的状态上。通过呼吸和肌肉放松练习，告诉你的身体现在没有危险，冷静下来。你可以做到。

Activity 22

活动 22　休息片刻

· **你要知道** · 很多孩子说，他们最常通过玩手机、玩电脑或看电视来放松自己。这些休息方式有时是可以接受的。但如果你总是这样做，你可能会比想象中更累、更焦虑。因此，选择合适的休息方式很重要。

我们生活在一个非常忙碌且嘈杂的世界中。我们的大脑和身体每天都要活动好几个小时。当我们紧张或焦虑时，更需要让大脑和身体好好休息一下。事实证明，访问社交媒体网站和观看电视节目并不是休息的最佳方式，它们会给你的生活增加更多压力。

通过看视频、电影或查看社交媒体上的帖子，可能会让你接收到各种各样被修饰过的信息，你可能会觉得自己应该更有魅力、更有趣、更聪明、更有才华、更受欢迎。你可能会因为觉得自己不够好而感到悲伤。虽然这些感觉并不完全属于焦虑循环，但它们的作用方式是一样的。这种不合适的休息方式非但不能让你放松，还会让你感到疲惫和焦虑。

Foryou
你 要 做 的

当然，很多休息方式可以真正让你放松。下次当你需要休息时，可以用这张图表来提醒自己可以做些什么。另外，请在下表中填写你最喜欢的活动。

"休息片刻"活动

自然类	在院子里或公园里寻找漂亮的树叶或花朵	给植物浇水、拔除杂草或种植新球茎	徒步旅行
教育类	读一本书	研究一个你觉得有趣的话题	写日记
运动类	散步（也许和狗一起？）	去游泳	骑自行车
艺术类	为自己拍照或制作视频	画画	制作剪贴簿或灵感板
事项类	完成一件待办事项	装饰你的房间	整理你的衣橱或桌子
其他（填写自己的想法）			

更 多 你 要 做 的

另一种帮助自己放松的技巧叫作可视化。下面是一个可视化练习的步骤，可以让你的大脑和身体休息片刻。

1 留出至少 10 分钟的时间，保证你不会被打扰。

2 找一个安静舒适的地方坐下或躺下。

3 闭上眼睛，想象你在一艘潜艇里，行驶在平静的海洋中。想象一下，你坐在潜艇里舒适的座位上，看着窗外的海洋世界。也许你会看到一些色彩鲜艳的珊瑚、一些漂亮的鱼，一些漂浮着的海藻。

4 在这 10 分钟的时间里，你要做的就是想象自己在这个平静的场景里，让你的身体休息片刻。如果你的思绪飘远，那就把它再次拉回大海。如果你被周围的声音分散了注意力，可以尝试专注于自己的呼吸。如果周围真的很吵，下次再做这个练习时，你可以试着戴隔音效果好的耳机。

如果你不喜欢海洋，可以试着想象自己在太空中的场景。想象一下，你坐在火箭飞船里，你穿着很酷的太空服，周围很安静，你只能听到自己的呼吸声。你看到了什么？你看到星星闪烁了吗？你能看到地球吗？你能看到月球和太阳系中的其他行星吗？就这样静静地让自己的身体休息片刻。

Activity 23

活动 23　睡眠解决方案

·你要知道· 一到晚上睡觉的时间，很多人的大脑就会清醒，他们想到了无数要做的事情，又想到了无数第二天可能会出状况的事情。这是不是很有趣？

科林因为担心毕业旅行要去外面过夜而失眠。许多孩子都非常期待这次毕业旅行，但是科林并不期待。他白天忙于课业、社团活动以及朋友们的事，倒也没什么。但是晚上一上床，他的大脑就好像切换到了另一个频道。

很多令他焦虑的事会涌入脑中。他会和谁住一个房间？如果那个人不是他的好朋友怎么办？如果他想念父母怎么办？如果他不喜欢那里的食物怎么办？到了那边会进行什么活动呢？这些未知令科林非常不安。当他和家人一起旅行时，父母会确保他提前知道行程中的每一个细节。另外，科林也有很多害怕的事物，但是他并不想让朋友们知道。他很担心如果郊游时打雷了怎么办？如果房间里太暗怎么办？如果他们必须在有鱼的湖里游泳怎么办？因此，在旅行前的几个星期里，科林直到凌晨都睡不着觉。

Foryou
你 要 做 的

当你的大脑总是在夜间焦虑时，会出现两个问题。首先，你无法在晚上解决问题。科林也是如此，他意识到，即使早上找到了一些答案，当晚又会产生新的焦虑。其次，焦虑真的会影响睡眠。有趣的是，科林发现他越累，他的焦虑就越真实，他就越无力反抗。

你可以在晚上使用一些方法，避免把烦恼带到床上！我们在"活动22"中提到的方法也会有所帮助。另一个你可以尝试的好方法是在睡前使用"焦虑盒子"。

焦虑盒子

❶ 找三个鞋盒或塑料盒。如果你很有创意，现在就是你大显身手的时候了。用你喜欢的方式装饰盒子，并如下图所示给盒子贴上标签。如果你不喜欢创意装饰，也可以只在盒子上贴标签。

❷ 在盒子旁边放一沓便签纸和一支笔。

❸ 每天晚上，写下你的焦虑。注意每张便签纸上只写一个焦虑，并且要非常具体。例如，不要写"我会在拼写测试中考得很差"，而要写"我会在拼写测试中把 10 个单词都写错"。

❹ 把写好的便签纸放进"焦虑"盒子中。这就好像你把焦虑收藏了起来，把焦虑从大脑中清除，你无须再思考。现在就该睡觉了，和自己说声晚安。

❺ 第二天，整理一下你的焦虑。从"焦虑"盒子中取出一张，并根据现实情况，将其放入"成真的焦虑"盒子或"未成真的焦虑"盒子中。有时，有些焦虑还是得继续留在"焦虑"盒子中，因为你还不知道结果。例如，如果你还没有拿到拼写测试的成绩，你可以把这个焦虑继续留在"焦虑"盒子中，直到你知道成绩为止。

❻ 在未来的两三周时间里，每晚都做这个活动。

Foryou
更 多 你 要 做 的

　　活动进行两三周后（或者当焦虑盒子中的便签纸溢出来了），你要进行统计，清点一下盒子里的所有便签纸。

	焦虑的数量
成真的焦虑	
未成真的焦虑	

Share
你从这个过程中注意到了什么？你的大部分焦虑最终成真了吗？

....

....

....

Share 是否有焦虑被你多次写到便签纸上，并放入"焦虑"盒子中了呢？如果有，是哪些焦虑？都写了多少次呢？

....

....

....

〉〉 这些焦虑最终发展的结果是一样的吗？　　**是　否**

在这个活动后，很多孩子发现，他们总是被相同的焦虑所困扰，这些焦虑最终发展的结果都一样——担心的事情并没有发生。这也意味着你不必在"焦虑"盒子中保留这些焦虑。一旦你发现了这样的规律，就可以通过大脑来"结束"你的焦虑。你可以对自己说：

▶ 大脑，你在骗我。

▶ 不可能发生的。

▶ 我以前就听过。

Idea

你还能想到哪些可以对自己说的话，可以帮助你摆脱焦虑呢？

....

....

....

Activity 24

活动 24　谁在审判我？

· **你要知道** · 在你很小的时候，你有没有穿过奇装异服？你有没有没梳头就去幼儿园？你有没有在和妈妈一起排队的时候跳舞或在餐厅大声唱歌？这个年龄段的孩子非常棒，因为他们真的不在乎别人是怎么看他们的。

随着年龄的增长，我们越来越清楚别人是如何看待我们的。有时，这可能是件好事。当你把高分成绩单带回家时，看到父母高兴的样子你会很开心。当钢琴老师称赞你弹奏的曲子很有感情时，当朋友在生日贺卡上对你真心祝福时，都会让你感觉很好。

可是，在这个世界上也有一些挑剔的人。挑剔的人是很难取悦的。你可能有一个非常挑剔的教练，他从来不会表扬你。你可能有一个挑剔的同学，但他总是取笑你，或者拒绝和你一起吃午饭。

最棘手的一点是，尽管我们努力地去讨好这些爱批评别人的人，但是他们可能还是不满意。在这种情况下，你也可以发表自己的观点，不那么努力也没关系。有些人本就不是你生活中的重要部分。好的教练应该会给予你善意和鼓励。好的朋友应该会爱护你。

请记住伯纳德·巴鲁克的这句名言，他是两位美国总统的经济顾问："做你自己，说出你的感受，因为会介意的人并不重要，重要的人也不会介意"。

Foryou
你　要　做　的

>> 请写下在这个世界上你最在乎的五个人：

1 ....

2 ....

3 ....

4 ....

5 ....

现在，请回想一下，在过去的一两周，你是否有过以下这样想法的时候：

▶ 我打赌他认为我是个失败者。

▶ 我不知道他是否认为我的衬衫很丑。

▶ 如果我在那些孩子面前搞砸了，我会很尴尬的。

🎧 当你有这样的想法时，你想到了谁？请写下你担心最近对你有
负面评价的五个人：

❶ ....

❷ ....

❸ ....

❹ ....

❺ ....

🎧 在过去的一两周里，你在乎的人与你担心对你有负面评价的人
是否一致？

Foryou
更 多 你 要 做 的

　　大多数人都会在乎别人对自己的看法。这是人之常情！青少年甚至
比成年人更在意别人对自己的看法。但是，我们往往会忘记问问自己：

▶ 我怎么看待这个可能在评判我的人？

▶ 这是我非常在乎的人吗？

▶ 这是我珍视的朋友吗？

Share 对于过去一两周里你担心会对你评头论足的人，你有什么感觉？你对他们的看法是正面的，还是负面的？还是介于两者之间？请写下你的想法：

....

....

....

....

....

....

Activity 25

活动 25　找点乐子

· **你要知道** · 当你花时间做自己喜欢的事情时，就不会焦虑。当你参加一个很有趣的活动时，即使任务很困难，你也会觉得容易应对。你可以试着把自己喜欢做的事融入计划中，这样既可以处理好必须要做的事情，又不会错过有趣的事情。

也许这周你有很多任务和考试，或者在放学后要做很多运动，上很多课。这周你都要很晚才能回家。你可能会因为这么多的任务而焦虑，你可能会告诉自己：这么多任务我永远也做不完，或者我根本没有时间放松休息。现在是时候暂停一下，看看自己要做什么，计划什么时候去做了。

Foryou

你　要　做　的

🐾 在开始计划之前，让我们先头脑风暴一下你想在计划中加入哪些有趣的事情？请列出本周你希望确保有时间参加的有趣活动。

....

....

....

....

⟫ 请列出已经安排好的事情，如上学、课后活动、出行计划等。

....

....

....

....

⟫ 请列出本周你真正需要完成的事情（这可能并不有趣）。

....

....

....

....

现在，请将上述安排添加至本周计划表中。

周计划

日期 ....一........

	周一	周二	周三	周四	周五	周六	周日
8-14点							
14点							
16点							
17点							
18点							
19点							
20点							
21点							

制订一个充满乐趣的计划会让你更容易坚持下去，也可以帮助你了解本周要完成哪些事情，这样你就不会感到不知所措。